UI 动效设计
从入门到精通

何福贵　著

机械工业出版社

动效是科技产品"情感化设计"的纽带，优秀的动效设计在提升产品体验、用户黏性方面能够起到积极作用，让产品充满生命力，使用户和界面之间产生情感的联系，从而提升用户体验。目前，动效已成为 APP 产品交互设计和界面设计必不可少的元素之一。

本书是关于 UI 动效设计的实战教程图书，内容涵盖两种最典型、应用最广泛的动效应用端：移动端和 Web 端，包括动效的作用、设计原则、分类、动效设计方法、动效典型制作软件及各类动效实例，其中，制作平台包括 After Effects、Android、Adobe Illustrator、JavaScript、CSS3、DragonBones、Adobe Animate 和 Cinema 4D 等，动效实例包括基础动效、高级动效、3D 动效等。

本书可作为 UI 设计等相关从业人员的参考手册，也可作为大中专院校设计相关专业的培训教程，还可作为广大视觉设计和动效开发爱好者的拓展学习资料。

图书在版编目(CIP)数据

UI 动效设计从入门到精通/何福贵著. —北京：机械工业出版社，2018. 12 （2023. 8 重印）

ISBN 978-7-111-61783-9

Ⅰ. ①U… Ⅱ. ①何… Ⅲ. ①人机界面–程序设计 Ⅳ. ①TP311. 1

中国版本图书馆 CIP 数据核字(2019)第 008048 号

机械工业出版社(北京市百万庄大街 22 号　邮政编码 100037)
策划编辑：丁　伦　责任编辑：丁　伦
责任校对：丁　伦　责任印制：单爱军
2023 年 8 月第 1 版第 3 次印刷
北京虎彩文化传播有限公司印制
185mm×260mm ·17. 25 印张 ·420 千字
标准书号：ISBN 978-7-111-61783-9
定价：79. 90 元（附赠海量资源，含教学视频）

前　言

感谢您选择本书，为了帮助您更好地学习本书的知识，请阅读下面的内容。

动效是科技产品"情感化设计"的纽带，在设计清晰的逻辑和漂亮的界面以后，需要使用动效将这些漂亮的设计衔接起来。界面、交互、动效构成了情感化设计的三大载体，其中的动效不仅仅是界面的润滑剂，它的作用更多地体现在交互逻辑、视觉渲染和创新实践上。

本书是关于 APP 动效设计的实战教程图书，全书共 9 章，从移动和网站开发的视角，有序介绍了动效的作用、设计原则、分类、动效设计方法、动效制作软件、APP 基础动效的制作、APP 高级动效的制作、Android 中的 3D 动画、HTML5 动画和使用 Cinema 4D 制作 3D 特效等内容，具体如下。

第 1 章为动效基础知识，包括动效的应用、APP 动效设计原则和分类、动效设计方法及动效制作软件。

第 2 章介绍动效的分类和作用，包括常见的各种基础动效的描述、动效的各种作用的描述、动效的各种分类的描述及动效的评判方法。

第 3 章介绍了动效设计软件 After Effects（简称 AE）的应用，包括该软件的特点、工作界面、合成、图层、渲染和输出，使用 Bodymovin 插件导出动画的方法，在 Android 中使用 Lottie 导入 AE 动画的方法及 Web 中使用 AE 动画的方法。

第 4 章介绍 Android 基础动画，包括 Android 中的绘图动画、矢量动画、Drawable 动画、属性动画和控件动画的实现方法。

第 5 章介绍 APP 基本动效的制作方法，讲解了 APP 各种典型动效的实现方法、APP 各种类型图表的制作方法及 GitHub 中优秀的开源动效项目。

第 6 章介绍 APP 进阶动效的制作方法，包括图标、导航和菜单动效、Loading 动效、手势动画、文字动效和 After Effects 高级动效，并结合具体实例展示了详细操作步骤。

第 7 章介绍 Android 中的 3D 动画。在 Android 应用程序中，3D 动画具有更好的表现效果。本章结合具体实例介绍在 Android 中实现 3D 动画效果的两种典型方法：一是 Camera 实现 3D 动画，二是使用 OpenGL ES 动画库实现 3D 动画。

第 8 章介绍了 HTML5 动画。HTML5 动画是目前网页广泛使用的动画，本章介绍了 HTML5 动画的三种典型形式：（1）Canvas 元素结合 JavaScript；（2）纯粹的 CSS3 动画；（3）jQuery 动画。除此之外，本章还详细介绍了 HTML5 动画的两个制作工具 DragonBones 和 Adobe Animate CC 的应用方法。

第 9 章介绍使用 Cinema 4D 制作 3D 特效的方法。Cinema 4D 是目前主流的 3D 效果制作

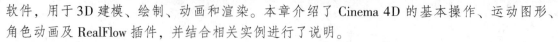
软件，用于 3D 建模、绘制、动画和渲染。本章介绍了 Cinema 4D 的基本操作、运动图形、角色动画及 RealFlow 插件，并结合相关实例进行了说明。

本书具有下列特点。

（1）内容全面：内容涵盖两种最典型的动效应用端：移动端和 Web 端，基于这两种平台介绍了典型的动效实现方法。

（2）制作平台多样：本书涵盖多种典型的动效制作平台，包括 After Effects、Android、Adobe Illustrator、JavaScript、CSS3、DragonBones、Adobe Animate、Cinema 4D 等，通过这些典型制作软件的展示，让您了解各平台的优点和适用范围。

（3）系统完整：从简单到复杂、从低级到高级、从二维到三维，系统介绍了动效的完整知识体系。

（4）视角独特：从移动和网站开发的视角，有序介绍动效的作用、设计原则、分类、动效设计方法及动效制作软件，循序渐进地介绍了基础、高级、3D 等动效的实现方法。

（5）应用性强：每一部分配以应用实例，让您轻松领会动效开发的精髓，快速提高开发技能。

由于编写时间仓促，加之作者水平有限，书中疏漏和错误之处在所难免，望广大专家、读者提出宝贵意见，以便修订时加以改正。

作　者

目　录

第3章 After Effects 的应用

 第4章 Android 基础动画

第5章 APP 基本动效

第6章 APP 进阶动效

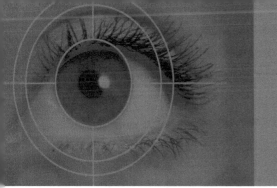

时下设计师们对动效的追捧，可以用一句话形容："没有动效的 APP，简直不是好的 APP"。优秀的动效设计在提升产品体验、用户黏性方面起到积极作用，目前已然成为 Web、APP 产品交互设计和界面设计必不可少的元素之一。

1.1 为什么要为 APP 设计动效

动效是科技产品"情感化设计"的纽带，在设计清晰的逻辑和漂亮的界面以后，需要使用动效将这些漂亮的设计衔接起来，界面、交互、动效构成了情感化设计的三大载体。

为什么要为 APP 产品进行动效设计？首先必须清楚这个问题，才不会让我们在设计动效时迷失在炫技的动效中，合理地使用动效可以达到以下效果。

➢ 动效降低了用户的认知负荷，从而让体验更加愉快。

➢ 将物理世界的运动用在动效中，缩短了用户和界面之间的鸿沟，让用户更专注于任务而不是理解界面。

➢ 动效有利于沟通不同的环节和内容，使衔接更容易。

➢ 动效建立更为有效的信息和交互流程，使交互性变得更强。

➢ 动效可以让界面易理解、有魅力。

一个功能完备的动效不仅要足够微妙有趣，而且应当具有清晰且合乎逻辑的目的。但是过多的动效可能造成卡顿，从而拖累应用运行速度，而毫无动效的 APP，又未免让用户感觉有些生硬，不够生动。成功的动效应具有以下特征。

（1）自然是 UI 动效的核心

在现实生活中，事物不会突然出现或突然消失，通常它们都会有一个转变的过程。动效的变化规则源于现实世界，动效中的每一个动作都应当从现实世界中获取灵感，好的动效设计应当尽量避免突兀的转变，状态生硬的改变会使用户有时候很难立刻理解。现实世界中物体的加速和减速都会受到重量、惯性和摩擦力的影响，类似的，在动效设计中，瞬间的启动和停止是不合规律的。例如用户在列表中选取一个条目查看详细细节，小卡片展开为大卡片的动效变化规则就源自于现实世界。

（2）高效的 UI 动效是层次分明的

一个层次分明的动效通常能够清晰地展示状态的变化，抓住用户的注意力。这一点和人类的意识有关系，用户对焦点的关注和持续性都与此相关。良好的过渡动效有助于在正确的时间点，将用户的注意力吸引到关键的内容上，而这取决于动效是否能够在正确的时间强调对的内容。

（3）关联是动效的重要功能

动效的关联包含两个方面：（1）能将界面和触发它们的操作或者控件关联到一起，产生关联的逻辑关系，帮助用户理解界面中的变化是如何产生的；（2）过渡关联牵涉到变化前后元素之间的关联，良好的过渡动效连接着新出现的界面元素和之前交互与触发元素，这种关联逻辑让用户清楚变化的过程，以及界面中所发生的前后变化。

（4）清晰是 UI 动效的关键

不只是动效，清晰几乎是所有好设计的共通点。动效是功能性优先、视觉传达为核心的视觉元素，动效设计应当清晰直观，明确而一致。屏幕上的每一个变化，都会成为影响用户体验和用户决策的因素。当一个动效中容纳太多过程的时候，难免会让人看不清、感到迷惑，甚至在操作过程中失去方向感，少即是多是保持动效清晰明了的核心规则，当动效中同时包含形状、大小和位移变化时，请务必保持路径的清晰以及变化的直观性。

（5）意图是 UI 动效的目的

在界面中，动效作为动态元素先天具有更加突出的属性，能够引导用户理解变化的趋势，并且不会觉得变化是突然的，在合适的时机引导用户注意力到合适的关注点上，让用户了解两者的因果关系。

（6）快速响应使 UI 动效高效

视觉反馈在界面中的作用无疑是重要的，对于用户而言，想要确认信息的欲望是一种生物本能。UI 应当精准而快速地针对用户的交互产生响应，只有这样用户才能将他们的操作、交互和控件的变化、效果联系到一起，形成回路。当用户清楚地知道什么样的操作会带来什么样的反馈，会觉得非常愉快。快速的动效能给用户一种爽利高效的感觉。为了兼顾动效的效率、理解的便捷以及用户体验，动效应该在用户触发之后的 0.1s 内开始，在 300ms 内结束，这样不会浪费用户的时间，还恰到好处。

总之，设计从来都不是天马行空、随心所欲的，每一个动作背后都有其意图所在。无论什么样的 APP，这些动效原则都能让产品更加优秀。专注于最重要的事情，才不会让设计迷失，也不会让用户迷路。小心设计，关注每一个细节，才是成功的人机交互秘诀。

 1.2 动效应用

优秀的动效设计在提升产品体验、用户黏性方面的积极作用有目共睹，已然成为 Web、APP 产品交互设计和界面设计必不可少的元素。

 1.2.1 移动 APP 动效

动效在移动 APP 方面有着广泛的应用。如果说界面布局可以组织操作界面元素的静态位置，那么动效可以组织操作界面元素在时间维度和空间维度上的演进。当动效引入时间维度后，界面的跳转、操作的反馈、信息内容的呈现等每一个交互的展现形式都更富有效性；当动效引入空间维度后，层次的表现、空间的拓展、3D 的展现才得以体现。

动效不仅可以清楚地展示产品的细节，让用户更直观地了解一款产品的核心特征、用途、使用方法等，还可以有效地展示产品设计师的设计思想，让用户一目了然，节约沟通成本。

 ### 1.2.2 Web 网站动效

随着 Web 前端设计技术 HTML5、CSS4、jQuery、JavaScript 的发展和融合，以及支持这些技术各种浏览器的升级，Web 动效已经不仅仅是网页设计的润滑剂了，它的功能更多地体现在了交互逻辑、视觉渲染和创新实践上，上能引人注目，下能潜移默化。下面是一些 Web 网站动效的例子，详细参考网页 https://www.jiesc.net/tag/3d。

（1）CSS + jQuery 3D 动效的图书。通过 CSS 与 jQuery 结合，实现了图书的 360 度翻转效果和图书打开的过渡效果，书的封面、背面、书脊等部分都制作完成，如图 1-1 所示。

（2）CSS + jQuery 3D 动效海盗船。该动画分两部分，一个是用 CSS3 绘制的海盗船外观，船帆会迎风抖动；另一个是海面动画，船只在海面上迎风前行，非常逼真，如图 1-2 所示。

图 1-1 3D 效果的图书

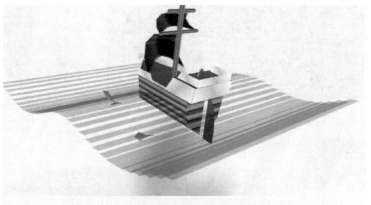

图 1-2 3D 动效海盗船

（3）CSS3 打造 3D 立体的视觉效果。CSS3 实现模拟 iPhone 样式的菜单，菜单整体呈现 3D 立体的视觉效果，如图 1-3 所示。

（4）CSS + jQuery 3D 星球天体运行动画。绘制了一颗较大的星球，然后在大星球周围有一圈很小的陨石区域，这些陨石会围绕着星球不停地旋转，而且配合黑色的背景，带有很强烈的 3D 视觉效果，如图 1-4 所示。

（5）CSS + jQuery 打造 3D 房间模型动画。房间里有电视机、沙发、书柜、灯具以及一个人物模型，这些模型都是在 Canvas 上绘制而成，更重要的是，这款 3D 动画可以利用 HTML5 特性读取本地麦克风和摄像头，这样就可以通过摄像头将你自己投影到电视机上，看上去挺神奇的，如图 1-5 所示。

（6）CSS3 实现 3D 折叠二级下拉菜单。这是一款外观非常炫酷的 CSS3 3D 下拉菜单，它的特点是主菜单的背景和页面背景非常融合，看上去就像菜单嵌入在页面中一样。并且当鼠标滑过菜单项时，会展开 3D 样式的二级子菜单，同时子菜单会产生摇晃折叠的动画效果，看起来十分炫酷，而这一切都是纯 CSS3 实现，如图 1-6 所示。

图 1-3 模拟 iPhone 立体菜单

图 1-4 3D 星球天体运行动画

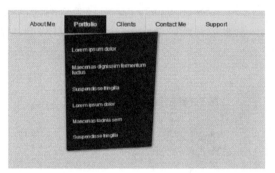

图 1-5 3D 房间模型动画

图 1-6 3D 折叠二级下拉菜单

1.3 移动 APP 动效设计

优秀的设计是无形的，一个优秀的动效能让你的 APP 变得友好而且抓人眼球，但是绝不会让用户分心，所有动效的主要任务都是向用户阐释 APP 的逻辑。

1.3.1 什么是移动 APP 的交互动效设计

移动 APP 交互动效的范围包括那些能够为产品赋予生机的动态界面元素和视觉效果，交互效果包括特定响应行为相关的状态，甚至那些与交互行为没有直接关联的临时状态。苹果官方文档的解读是这样的"精细而恰当的动画效果可以传达状态、增强用户对于直接操纵的感知、通过视觉化的方式向用户呈现操作结果"。

1.3.2 移动 APP 动效的作用

移动 APP 动效的作用就是动效达到的效果，好的 APP 动效设计也是对 APP 原型图的延伸和高级体现，是产品的"情感化设计"，APP 动效设计是最完美的 APP 交互设计的原型图，主要有以下作用。

（1）保持过渡切换流畅性

过渡的流畅是动效认识里最容易想到、也最被认可的效果。UI 界面及其元素的各种变化在空间和时间维度上逐渐演进，使用户和产品的交互过程更流畅。

（2）高效的反馈作用

高效的反馈是与用户之间交互的最重要元素，是动效最原始的需求。良好的反馈设计可以让用户更好地了解到操作的结果与程序当前的状态，减轻用户等待过程中的焦虑。

（3）有效的帮助引导

移动 APP 可用的屏幕空间受限，很多功能必须隐藏起来，动效的作用是通过对功能的方向、位置、唤出操作、路径等进行暗示和指导，以便用户在有限的移动屏幕内发现更多功能。

（4）复杂层次展现

随着移动终端硬件的不断升级，能够实现的功能越来越多，结构也越来越复杂，合理清晰的结构层级对用户理解应用和使用应用有着至关重要的作用，要想把结构展示地更加清晰，动效能够帮助用户构建空间感受。

（5）增强 APP 的操纵感和体验感

"操纵"是移动产品用户体验中很重要的目的，通过动效对现实世界的模拟并且不需要任何提示，使产品的交互方式更接近真实世界，通过动效理解和认知现实世界，使用户对应用的操纵感和带入感增强。

（6）提升创新体验

如果产品已经拥有了良好的可用性，那么通过细节设计和交互方式创新为产品增加亮点，将动效融入产品之中，往往可以带来更愉悦地使用体验，也更细腻地表达应用的情绪和气质，带来更惊喜的体验，从而更好地展现产品的气质与态度。

好的动效设计既要保证物体运动的自然性，同时又能体现物体运动的优雅感、简约感和美感，让物体的运动充满魔力，打造无缝式的用户体验。快速反馈的动效不但极具美感，符合物理逻辑，而且能够愉悦用户，增强用户的信任感。反馈动效的设计必须深思熟虑且具有目的性。

 1.3.3　移动 APP 动效设计原则

前面已经展示了一些移动 APP 动效的例子，为了设计出真正成功的动效，Walt Disney 提出来的动画的 10 条原则，可以非常有效地应用在 UI 设计中，内容主页：https://yalantis.com/blog/-seven-types-of-animations-for-mobile-apps/，如图 1-7 所示。

Walt Disney 提出来的动画的 10 条原则的具体内容如下。

（1）材质

材质展示动画包含了哪些元素：是轻还是重？静态还是动态？扁平的还是多维度的？让用户了解 UI 的这个元素将如何与其他人交互。

（2）运动轨迹

必须定义运动的自然属性。通用原则是：无生命的机械物体通常是一个直线运动的轨迹，而生命体则具有更灵活和不那么平直的轨迹，首先必须决定你希望 UI 呈现什么，然后赋予它。

（3）定时

在设计动画时，时间可以说是最重要的考虑因素之一。在现实世界中，物体不按直线运动的规律运动，是因为它们需要时间来加速和减速。使用曲线可以使物体运动得更自然。

图 1-7　Yalantis 主页

（4）动画焦点

动画焦点就是把注意力集中在屏幕的某一特定区域。例如，一个闪烁的图标会提醒用户应该按下它，因为有一个通知等待。动画焦点动效常用于有太多细节和元素的界面，以及没有办法清晰区分的特殊的元素界面。

（5）跟随与重叠

跟随是行动的终止部分，即物体不会迅速停止或开始运动，每一个运动都可以表现为一组较小的运动组合，物体的每一部分都以其自身的速度运动。举个例子，当我们抛出一个球，球被释放后，手仍在继续移动。

重叠意味着第二个动作在第一个动作完成之前开始，这样可以吸引用户的注意力，因为两个动作之间并没有一段静止期。

（6）次要动效

次要动效的原理类似于跟随和重叠原则，即主要动效可被次要动效伴随。次要动效能够使画面更加生动，但也会引起用户不必要的分神。

（7）缓入和缓出

缓入和缓出是动画最基本的设计原则，对于一般的动画和在移动开发中的 UI 动画同样重要。缓入和缓出虽然理解容易，但这一原则常常被忽视。缓入和缓出源于现实世界中物体不能立即移动或停止的事实，每个物体都需要一定的加速和减速时间。当我们根据缓入和缓出原理设计动画时，该动画会产生一个非常真实的运动模式。

（8）预期

预期原则适用于提示等视觉元素。在动效出现之前，我们可以给用户一些时间来预测会发生的情况。实现这种预期感的一种方法是应用缓入原则。物体朝特定方向移动也可以给出预期视觉提示，例如，一叠卡片出现在屏幕上，可以单击一个卡片使其发生倾斜，那么用户就可以推测出这些卡片可以移动。

（9）韵律

动效中的韵律和音乐与舞蹈中的韵律有着同样的功能，可以使动效结构化，使动效更加自然。

（10）夸张

夸张动效是基于被夸张化的预期动作或效果，非常有助于吸引用户额外的注意力到某些特殊方面。

下面对移动动效设计原则非常重要的五点进行总结，具体如下。

（1）记住目标用户，因为设计方案是为了解决他们的问题。

（2）确定动效的每个元素都具有其合理的理由（例如，为什么是这样、为什么会是如此、为什么是这个时间点）。

（3）努力模仿自然界的运动模式来创造自然的动效，使产品有特色。

（4）在项目的任何阶段，都要随时与开发人员保持沟通。

（5）懂得分享，分享成果到 https：//github.com/yalanti 或 https：//yalantis.com/等相关展示网站。

1.3.4 移动 APP 交互动效分类

移动 APP 的交互动效按动效的出现时机进行分类，如图 1-8 所示。

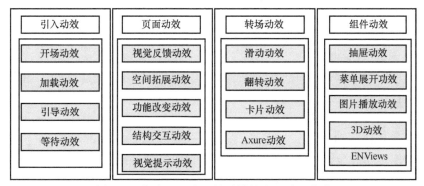

图 1-8 移动 APP 交互按动效的出现时机分类

ENViews 是一个华丽的动效控件库，所有控件原型取自 Nick Buturishvili 的设计作品，项目地址：https：//github.com/codeestX/ENViews。

移动 APP 交互动效按照动效的用途方面进行分类，如图 1-9 所示。

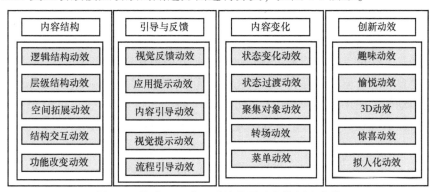

图 1-9 移动 APP 交互动效按照动效的用途分类

移动 APP 交互动效设计，既能在产品的功能层面提供支持，又可以在表现层面发挥影响，在移动产品的交互设计中有着非常重要的作用。

1.4 Web 网站动效设计

现在的网站通常都能很好地支持动画，随着 HTML5、CSS4、jQuery 等 Web 制作技术的发展，越来越多炫酷的动效在网页设计上普遍使用，动效的功能更多地体现在交互逻辑、视觉渲染和创新实践上，大大地提高了用户的体验效果。

1.4.1 Web 网站动效设计原则

动效能使内容表达得更彻底且简洁，逻辑更清楚。在设计 Web 动效时，用户应遵循下列原则。

（1）动效技术

过去的动效大部分是通过 Flash（现 Flash 软件更名为 Anlmate）动画实现的，现在我们可以使用 CSS/JavaScript/HTML5/jQuery 来实现动画功能，目前这些技术已经能够实现许多高级动效来满足用户的需求。

（2）通知、提示、推送应使用动效

运动的物体可吸引人的注意力，让消息通知、提示、推送动起来，是很好的提醒用户的方式，并且不会让他们感觉突兀。

（3）信息隐藏使用动效

利用动效可以使界面中的部分信息隐藏，以节省所占用的屏幕空间。当进行某些操作后，隐藏的内容会动态展开，直到必要时再显示，从而达到简化初始界面的目的，使界面简洁大气，例如折叠菜单、导航菜单等。

（4）内容聚焦使用动效

关键内容使用动效能够吸引用户的关注，突出内容的表现效果。

（5）增强反馈使用动效

反馈对于体验的提高来讲非常重要，增强反馈可以起到更好的提示作用，使体验过程更加轻松愉悦、自然和引人注目。抖动是增强反馈的方法之一。

（6）预见使用动效

通过动效的引导，使用户体验达到更加流畅预见内容的目的。

（7）等待使用动效

太多的内容会导致加载时间过长，目前在技术层面解决这个问题比较困难，如果没办法缩短加载时间，那么可以让等待的过程更愉悦。等待动效缓解了这个问题，一个有趣的加载页面可产生更多情感价值而不是白白浪费等待时间。

事实上，动效的使用能实现与用户之间建立"情感"。与用户之间建立情感联系的应用和网站，会使体验过程更加轻松、愉悦，更容易获得用户的关注。

1.4.2 动效网站设计欣赏

下面分享一些动效很酷的 Web 网站。

（1）http://en.dunlop-tire.ru/，过渡型动效，效果自然流畅，如图1-10所示。

图1-10　http://en.dunlop-tire. ru/

（2）http://bluemelhuber.de/，内容引导动效，特色明显，如图1-11所示。

图1-11　http://bluemelhuber.de/

（3）https://www.evoenergy.co.uk/uk-energy-guide/，内容导航动效，表现手法新颖，如图1-12所示。

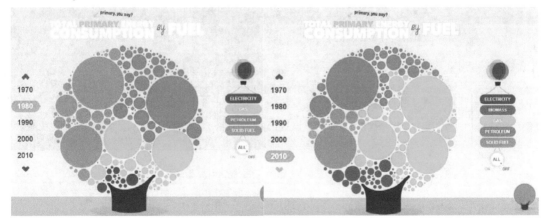

图1-12　https://www.evoenergy.co.uk/uk-energy-guide/

（4）http：∥www.melanie-f.com/en/，开场动效，如图 1-13 所示。

图 1-13　http：∥www.melanie-f.com/en/

（5）http：∥headache-off.com/，非常酷的内容突出动效，如图 1-14 所示。

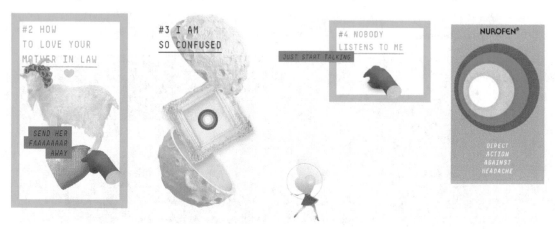

图 1-14　http：∥headache-off.com/

（6）http：∥www.kikk.be/2012/#，导航动效，如图 1-15 所示。

图 1-15　http：∥www.kikk.be/2012/#

（7）http：∥babeltheking.com/eng，菜单切换动效，如图 1-16 所示。

图 1-16　http://babeltheking.com/eng

1.5　动效设计方法

随着 UI 设计的不断发展，UI 动效越来越多地被应用于实际生活中，手机、iPad、计算机、网页等设备都在大范围应用。动效设计是一种有关时间轴的逻辑艺术，也是一种有关质感的美学艺术，更是一种有关界面与操作的体验艺术。动效设计既能彰显功能性，亦能提升产品操作的趣味性和愉悦感。

1. 设计原理

动效是指界面元素基于时间维度，在虚拟空间中呈现出的动态效果，动效设计涉及空间、时间、运动、夸张等多方面。

（1）空间原理

动效的界面元素是对现实世界二维或三维空间的一种动态展示，这种展示要符合人类认识外界物体空间特性的规律，不仅能够帮助我们理解周围复杂的世界，还可以利用这种具有空间感的思考模式，帮助我们处理抽象的信息。设计师要想控制物体出现时的比例，就需要了解如何表现物体的大小，这涉及物体的形状、重量、远近、深度和方向等方面的联合展示。

（2）运动原理

动效涉及界面元素的运动，运动要符合现实生活中物体的运动规律。在现实世界里，物体的运动状态会受到各种复杂因素的共同影响，诸如外界阻力、（内部）惯性等，且运动元素在空间上会处于某种介质，若介质发生变化，会产生非匀速运动。非匀速运动的表现手法也很多，并且在不同环境下会带给用户不同的感受。

（3）夸张原理

在大部分的动效设计中，会应用到夸张手法，通过这一表现手法，能够突出某些细节或强调某些内容，来吸引用户，让界面变得更为生动有趣。

2. 网页前端动效设计方法

网页前端动效采用的主要设计方法如下。（1）CSS：CSS 是最轻盈的前端动效实现方式。（2）jQuery：动画效果是 jQuery 吸引人的地方，通过 jQuery 的动画方法，能够轻松地为网页添加视觉效果，给用户一种全新的体验。（3）JavaScript：JS 在 Web 动效实现方面的应用最广，有大量的参考案例。（4）SVG Animation：SVG 是矢量图，无限伸缩不失真，SVG 支持 CSS，可以在 JavaScript 中使用。（5）HTML5 Cavas：应用非常广泛，需要使用 JavaScript 操作。

3. 设计软件

使用动效设计软件可以设计出高级且优美的动效，常用的设计软件有：Adobe After Effects、Adobe Photoshop、Adobe Animate CC、Pixate、Origami、Hype 3、Flinto、Principle、CINEMA 4D、Keynote、Proto.io、Atomic.io、Framer、ProtoPie 等。

1.6　动效制作软件

在设计动效时，可根据动效的需求选择合适的软件进行设计，也可以组合选择几种软件共同设计，下面介绍常用的动效设计软件。

 1.6.1　After Effects

Adobe After Effects 简称 AE，是 Adobe 公司推出的一款特效制作软件，适用于从事设计和视频特效的机构使用，包括动画制作公司、影视特效后期制作工作室以及多媒体工作室。Adobe After Effects 软件可以精确地创建无数种引人注目的动态图形和震撼人心的 2D 或 3D 视觉效果，很多美国大片都是通过它来进行后期合成制作的。该软件包含数百种预设的效果和动画，能与其他 Adobe 软件进行紧密集成和高度灵活地合成，为设计作品增添令人耳目一新的效果。

After Effects 是一款功能超强大的动效制作软件，目前是动效设计的首选软件。使用该软件基本上可以制作出各种动效效果，同时导出的格式也比较丰富，缺点是交互效果差。

After Effects 软件的下载页面：https://www.adobe.com/cn/products/aftereffects.html，如图 1-17 所示。

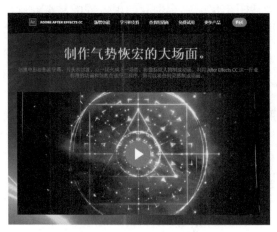

图 1-17　After Effects 的下载页面

 1.6.2　Adobe Photoshop

Adobe Photoshop（简称 PS），可能很多人都认为 PS 只用来作图和处理图像的，并不知道 PS 可以做 Gif 动效，其实在 AE 没有流行起来的时候，当时的 UI 设计师都是用 PS 做 Gif 动图，用 Flash 做 Demo（过去我们只需要做 PC 桌面的动效）。PS 从 CS6 之后开始进一步加强了动效的模块，现在的版本能够实现很多相对复杂的动效。

Adobe Photoshop 软件的下载页面：https：//www. adobe.com/cn/products/photoshop.html，如图 1-18 所示。

图 1-18　Adobe Photoshop 的下载页面

1. 6. 3　Adobe Illustrator

Adobe Illustrator 是一种应用于出版、多媒体和在线图像的工业标准矢量插画软件，作为一款非常好用的矢量图形处理工具，该软件不仅能够绘制高精度的矢量图，而且可以为线稿提供较高的精度和控制。

该软件主要应用于印刷出版、海报书籍排版、专业插画、多媒体图像处理和互联网页面的制作等。

Adobe Illustrator 软件的下载页面：https：//www. adobe.com/cn/products/illustrator.html，如图 1-19 所示。

图 1-19　Adobe Illustrator 的下载页面

1.6.4　Adobe Edge Animate

Adobe Edge Animate 是 Adobe 公司的一款新型网页互动工具，允许设计师通过采用 HTML5、JavaScript、jQuery 和 CSS3 等技术制作跨平台、跨浏览器的网页动画，能够生成基于 HTML5 的动画，可以方便地通过互联网传输，支持 Android、iOS、WebOS，是一套完整的 Web 动画开发工具。

Adobe Edge Animate 软件的下载页面：https://www.adobe.com/lu_en/products/edge-animate.html，如图 1-20 所示。

图 1-20　Adobe Edge Animate 的下载页面

1.6.5　Adobe Animate CC

Adobe Animate CC 由 Adobe Flash Professional CC 转变而来。2015 年 12 月 2 日，Adobe 公司宣布 Flash Professional 更名为 Animate CC，在支持 Flash SWF 和 AIR 格式文件的基础上，增加了 HTML5 动画制作以及交互设计功能，支持 HTML5 Canvas、WebGL，强化 HTML5 动画制作规范。Adobe Animate CC 相对 Flash 来说，拥有更多的新特性，能通过可扩展架构去支持包括 SVG 在内的几乎任何动画格式。

Adobe Animate CC 软件的下载页面：https://www.adobe.com/cn/products/animate.html，如图 1-21 所示。

图 1-21　Adobe Animate CC 的下载页面

1.6.6 Quartz Composer

Quartz Composer（简称 QC）是一款图形化的编程工具，也是一个强大的动画合成软件，为 Apple 在 10.4Tiger 的开发软件包中自带的、专门用来生成各种动态视觉效果。该工具功能齐全，不需要写一行的编码就可以做出非常复杂的动画，包括可交互的界面原型，输出到 Interface Builder 给程序用，或者输出 Quicktime。

利用 QC 生成的交互原型是可操作的，而且生成的动态效果灵活丰富，自由度非常高，另外基本可以不写代码就实现生成动态效果与交互所需要的逻辑。在 QC 中，我们可以通过 Timeline Patch 来自定义动态变化的轨迹。

与 QC 相比，After Effects 制作的交互演示动画是不可交互的，HTML/CSS/JS 可以实现交互，但动画效果没有 QC 丰富灵活，用 QC 来实现动画效果某种程度上相当于用代码把动画效果写出来，但是 QC 效率不如 AE 高。如果制作网页动画的话，尽量使用 HTML/CSS 设计。可以把 QC 想象成图形化的 jQuery，只需把封装好的代码模块组装且设好参数，便可以生成各种动态效果。

 1.6.7 Principle

Principle 可以很容易地设计动画和交互式用户界面。无论是设计一个多界面应用程序，还是新的交互和动画，使用 Principle 都能设计出令人惊异的效果。

Principle 是目前制作可交互 Demo 容易掌握、体验效果较好的软件，Principle 是为 Web、移动和桌面动画以及交互式用户界面设计的工具。在虚拟现实中使用 Principle 可以很快评估你的设计，从而加快了设计开发周期，

Principle 的官方网址：http://principleformac.com/，如图 1-22 所示。

图 1-22　Principle 的官方网址

 1.6.8 Framer

Framer 是用于设计可交互动效的软件，可快速导入 Photoshop、Sketch 中的图像并模拟图层分层，支持手势，能在手机或平板中预览。Framer 的官方网页：https://framer.com/。Framer 的中文网：http://framerjscn.github.io/，如图 1-23 所示。

 1.6.9 jQuery

jQuery 是一个响应速度快、软件占用内存小、功能丰富的 JavaScript 库，极大地简化了

JavaScript 编程，使 HTML 文档编辑、事件处理、动画和 Ajax 等操作更加简单，易于使用 API 兼容多种浏览器。jQuery 结合多功能和可扩展性于一体，改变了数百万人编写 JavaScript 的方式。

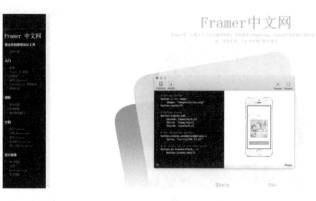

图 1-23　Framer 的中文网

jQuery 软件的官方网页：https://jquery.com/，如图 1-24 所示。

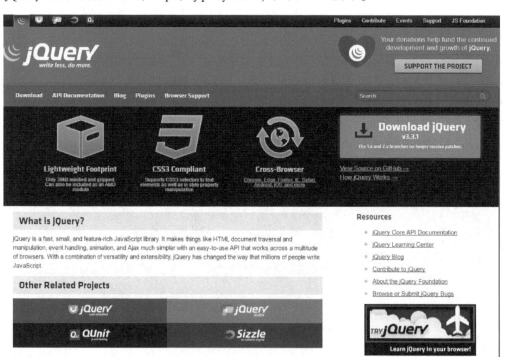

图 1-24　jQuery 的官方网页

1. 6. 10　Origami

Origami 可以测试、迭代、验证用户的设计，是一个设计现代接口的免费工具，广泛被 Facebook 的设计人员使用。

Origami 的官方主页：https://Origami.design/，如图 1-25 所示。

图 1-25　Origami 的官方主页

1. 6. 11　Cinema 4D

Cinema 4D 是德国 MAXON 公司出品并整合 3D 模型、动画与算图的高级三维绘图软件，一直以高速图形计算速度著名，并有令人惊奇的渲染器和粒子系统。Cinema 4D 包含了多种现代 3D 艺术家所需要的强大建模工具，包含 Bones、NURBS 和最简单、易用、有效的灯光选项，其渲染器在不影响速度的前提下，使图像品质有了很大提高。Cinema 4D 应用广泛，在广告、电影、工业设计等方面都有出色的表现。

Cinema 4D 的下载页面：https：//www. maxon. net/cn/产品/cinema- 4d/cinema- 4d/，如图 1-26 所示。

图 1-26　Cinema 4D 的下载页面

1. 6. 12　Flinto

Flinto 是一款轻量、高效的综合性交互原型设计工具，用户可以使用它创建任何原型，从最简单的页面跳转到令人印象深刻的精美交互动效，不需要任何代码也没有复杂的时间轴，Flinto 的可操作性几乎是所有原型工具中最简单快捷的，五分钟制作高保真交互原型，能够快速实现各种滚动、转场、点击反馈效果，这正是所有交互设计师所期待的。Flinto 的网址：http：//www. flinto.com. cn/。

1.6.13 Hype

Hype 为 Mac OS 平台上一款功能强大的 HTML5 创作工具，是一款帮助不会编程的用户轻松创建 HTML 5 和复杂动画效果的网页设计软件，可以创作丰富的网页交互动画，支持层、时间轴等编辑方式，并能完美导出 HTML5/CSS3/JavaScript，在 iPhone 或 Android 平台上流畅表现，其长处是可以在网页上做出悦目的动画效果，且无须 Flash 插件。Hype 3 采用全新 UI 设计，增加了 24 种时间功能，还有物理特性和弹性曲线，可以发挥更强大的动画效果。

1.7 动效设计流程

移动端应用程序、网络程序及客户端应用程序已经习惯了"动态的世界"，动效以其独特的魅力增强了用户的使用体验，已成为增强用户体验的功能性元素，是应用程序交互的重要的工具。在设计动效时，要认真考虑需要哪些类型的动效、动效的应用节点、动效的实现方法及应用效果分析。动效的设计流程如下。

（1）了解应用程序的功能及使用用户，确定需要什么样的动效，形成一个动效表格。

（2）确定应用程序使用动效的节点，形成一个动效列表。

（3）确定动效的逻辑设计方案，估算制作的难度及成本，梳理制作的方法。

（4）确定动效的动态设计方案，确定使用的工具和应用程序的融合。

（5）实现阶段包括使用的素材、使用的理论方法和各种制作原理。

（6）优化阶段需要对设计和实现过程不断优化，包括对各种参数的调整，使动效达到最优的体验效果。

（7）发布阶段包括动效输出的格式及与应用程序的融合等。

1.8 本章小结

动效不仅引导用户的关注，甚至影响用户的行为，本章介绍了动效的应用领域：移动 APP 动效和 Web 网站动效，在不断的探索和发展过程中，动效在网站前端和移动 APP 中的运用已逐步走向成熟；本章叙述了动效的设计方法，动效的制作软件及动效设计流程。

第2章

动效的分类和作用

动效的应用拓展了界面的空间，简化了引导流程。现如今，令人愉悦的动效已经成为应用程序的标准配置了，本章将对基础动效、动效的作用和分类进行介绍。

2.1 基础动效

应用程序的动效通常是由基础动效组合而成，下面将介绍一些常见基础动效的应用。

2.1.1 运动

运动分为直线运动和曲线运动。

1. 直线运动动效

直线运动分为加速运动、减速运动和匀速运动等。

（1）直线运动

直线运动动效是物体从一个位置到另一个位置的位移运动。界面中的元素通过位置的变化产生了动态的效果。

（2）缓动-加速和减速运动

直线运动比较僵硬，在现实世界中，一个物体可以受重量、摩擦力等影响，不会突然停止或者突然启动，物体的运动状态在开始和结束是一种缓动，常见的缓动有：减速运动、加速运动、先加速后减速及先减速后加速，缓动更符合物体运动规律，也符合我们的动态审美。

图2-1为常用的先加速再减速的运动曲线。一般界面元素离开屏幕时的运动应该为加速曲线，返回为减速曲线。

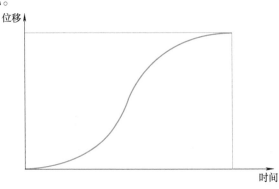

图2-1　先加速再减速的运动曲线

还有一种常用的运动分两段，即先反向运动，再正向运动，如图2-2所示。

2. 曲线运动动效

非直线运动即为曲线运动，现实中曲线运动的情况很多，常见的曲线运动有弧形曲线运动、波形曲线运动、"之"字形曲线运动、贝塞尔曲线运动等。曲线运动柔和、圆滑、优美，用户体验更好。

飘动的旗帜是波形曲线运动，如图2-3所示。飘落的纸片为"之"字形运动，如图2-4所示。

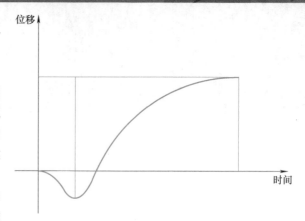

图 2-2　先反向运动，再正向运动曲线

图 2-3　飘动的旗帜

图 2-4　飘落的纸片

使用贝塞尔曲线可以实现翻页效果，如图2-5所示。

图 2-5　翻页效果

2.1.2　放大和缩小

放大或缩小也是常见的应用程序动效，其界面元素为等比放大或缩小的过程。由小变大、由大变小的过程称为弹性。

例如，在 Android 系统中浏览图片时，图片可以放大或缩小，如图 2-6 所示。

图 2-6　图片的放大与缩小

再例如，在网页中使用 CSS3 按钮动画制作圆形按钮，放大与缩小动画特效如图 2-7 所示。

图 2-7　圆形按钮的放大与缩小动画

 2.1.3　消失和出现

消失和出现动效是界面元素从无到有或从有到无的过程。

例如，Android 的侧滑菜单根据手势展开与隐藏，实现了消失和出现动效，如图 2-8 所示。图片导航动效也使用了消失和出现动效，如图 2-9 所示。

图 2-8　侧滑菜单　　　　　　　　　　　　图 2-9　图片导航动效

另外，应用程序使用的转场动效在页面切换时，也使用了消失和出现动效。

 2. 1. 4　翻转

翻转动效是界面元素按照一定的角度转动，通常呈现为 3D 效果。图 2-10 为页面内元素翻转动效。

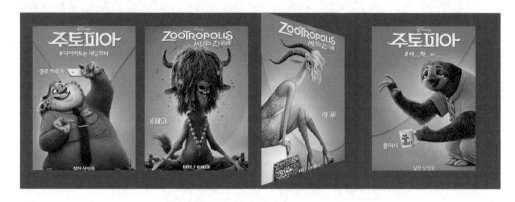

图 2-10　页面元素翻转动效

2.1.5　旋转

旋转动效是界面元素围绕设定的中心点在平面上转动，也可以是整个界面所有元素的转动。

例如，移动终端横屏和竖屏之间的切换具有下列特点。

（1）内容随着屏幕的旋转而旋转或重新排列。

（2）能够在旋转的同时，平滑地保证内容的过渡。

（3）内容好像是液态的，伴随屏幕保持方向。

图 2-11 为 Android 版本的高清地球旋转动态壁纸软件 Earth HD Deluxe Edition。

图 2-11　高清地球旋转动态壁纸

图 2-12 为超级炫酷 HTML5 全屏 3D 地球旋转动效，网址：http://yanshi.sucaihuo.com/jquery/34/3410/demo/。

 2.1.6　变形

变形动效是移动终端或网页的界面元素的形状改变动效，这种改变可以是交互的，也可以是非交互的。例如 Android 应用程序"天天 P 图"的疯狂变脸就是变形动效，如图 2-13 所示。

图 2-12　HTML5 全屏 3D 地球旋转动效

图 2-13　"天天 P 图"的疯狂变脸动效

一些网站的广告也采用变形动效，图 2-14 为脸部变形动效。

图 2-14　脸部变形动效

在进行数字倒计时，也经常采用变形动效，如图 2-15 所示。

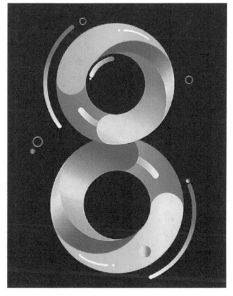

图 2-15　数字倒计时动效

 ## 2.1.7　变色

变色动效是应用程序界面元素的色彩变化动效，图 2-16 为文字变色动效。

图 2-16　文字变色动效

2.2　动效作用

随着计算机软硬件技术和通信技术的发展，动效已广泛应用到移动终端和网络应用程序中。动效的应用让开发人员更好地表达产品，让用户更好地理解产品，让产品充满了生命力，让用户和界面之间有了情感的联系，提升了用户体验，下面介绍动效的几种典型作用。

 ### 2.2.1　使界面充满动感

应用动效可以使界面更具有活力，增加了应用程序的趣味性，从而产生一种与用户情感交流的效果。

图 2-17 为 Android 应用程序"最美天气"，显示天气时采用动态背景的动效，使得显示效果更自然真实。图 2-18 为 Android 应用程序音乐播放器，播放音乐的动态效果，可以使用户感受音乐播放的流畅。

图 2-17　动态背景

图 2-18　音乐播放器

2.2.2 系统状态动态提示

由于系统的变化或应用程序动态的变化，系统会发送一些变化的提示，在移动终端，这些提示也可以进行设置，如图 2-19 所示。有些移动终端具有情境智能的功能，对某些状态给出提升，例如快递状态、预定火车票的出行时间等，如图 2-20 所示。

图 2-19　提示设置

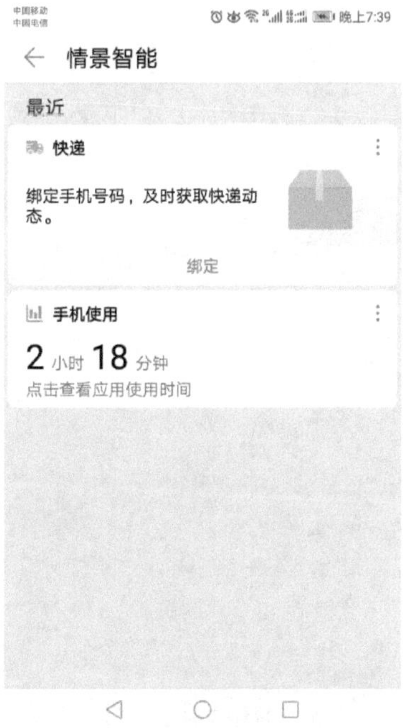

图 2-20　情境智能

另外，应用程序在运行过程中会调用系统的某些服务，每个系统会提供这些服务进程来保证应用程序的正常运行，其中有些系统服务是运行在后台的，这些服务总是需要一定的时间来进行，通过动效，从视觉上告知用户这些信息是很有必要的。

 2.2.3 使界面友好有趣

用户在使用文件下载、页面刷新、视频加载等耗费时间的操作程序时，动效的应用可以让无聊的等待变得非常友好而有趣。

动效的应用让用户的操作错误和系统的出错不再令人沮丧。出错总是令人讨厌的，动效可以使错误变得友好、可爱，可以把错误提示想象成与用户的一场对话。当出错时，用友好且有意义的动效果，提供友好的信息来帮助用户，在愉快中解决问题，图 2-21 为断网提示动效。

动效的应用也增强了网站登录的趣味性，图 2-22 为网站登录动效，网址：http://www.17sucai.com/pins/demo-show? id＝25585，当看到这个动效的时候，用户会觉得非常有趣，愉快地完成了登录。

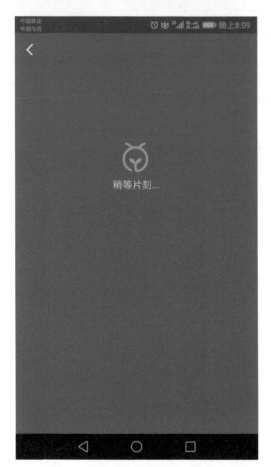
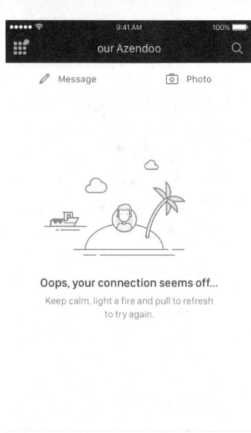

图 2-21　断网提示动效

图 2-22　网站登录动效

 2.2.4　流畅的过渡

通常应用程序由多个界面组成，需要在界面之间进行切换，转场动效完成的是从一个界面到另一个界面的过渡，使用转场动效完成过渡更加符合用户对自然的认知，可以更好地展示前后界面的逻辑关系及层次关系，使这些关系变得更加清晰，有效地降低了用户的认知负担。

转场动效的制作如今已经成熟，在设计中要注意以下几点。

（1）保持自然性

在现实世界中，事物不会突然出现和突然消失，通常都会有一个渐变的过程，当两个界面有两个或多个状态的时候，展示状态之间的变化时使用过渡动效会变得很自然。

用户界面中状态改变如果是生硬而直接的，那么用户理解比较困难。如果界面有更多的状态，状态之间的变化通过动效实现，那么用户理解起来就更容易、更自然了。

（2）表现层级性

转场动效操作的两个界面是两个不同的层级，通过转场动效的一些效果应用，例如空间感、层次感等，可以有效地展现两个界面的层级关系。

（3）增加延续感

一般情况下，转场动效切换的界面之间存在某些共同的界面元素，在使用转场动效实现时，可以使这些元素延续展示，这样界面的转场更加流畅自然。

2.2.5　界面元素的灵活隐藏和展示

随着应用越来越复杂，展示的功能越来越多，而应用程序的界面，特别是移动终端应用程序的界面空间有限，清晰的结构层级及逻辑关系对用户理解应用有着非常重要的作用，这时候就需要动效来实现界面元素的合理布局，将不需要的信息暂时隐藏，需要的时候通过动效显示，这样界面可显示更多的内容，功能更丰富。

导航菜单是隐藏和展示的常用动效，图2-23为京东导航菜单。

图2-23　京东导航菜单

图2-24为头条新闻导航菜单。

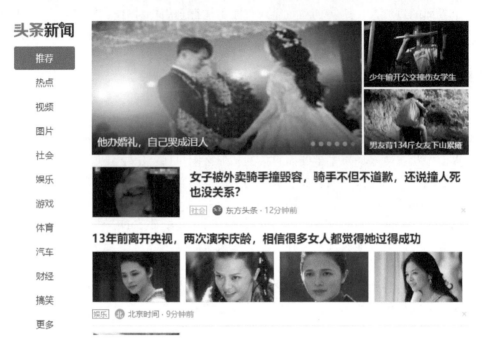

图 2-24 头条新闻导航菜单

移动终端应用程序常用的隐藏和展示动效是 Tab 选项卡，图 2-25 为顶部选项卡，图 2-26 为底部选项卡。

图 2-25 顶部选项卡

图 2-26 底部选项卡

在移动应用程序中，另一种隐藏和展示动效是侧滑抽屉菜单，如图 2-27 所示。

图 2-27　侧滑抽屉菜单

 2.2.6　增强操纵感

有些动效是对现实世界的展示或模拟，能够使用户感觉是在操纵真实世界的物体，这种交互方式更接近真实场景，使得用户通过动效认知现实世界，增强了用户对应用的操纵感和带入感，用户感觉在操纵符合真实世界的场景的模拟现实动效，可以让体验更流畅。

例如，百度地图中的"查看全景"功能，即可显示真实位置的场景，又可多角度查看街景，给用户以很强的操纵感，如图 2-28 所示。

三维太阳系模型软件 Solar Walk，是一款具有很强操纵感的 Android 软件，能够展示太阳、8 大行星以及 20 多个卫星、矮星、小行星、彗星和 9 个地球卫星的真实轨道、顺序、比例和运动，让用户感觉像是漫游在太阳系，如图 2-29 所示。

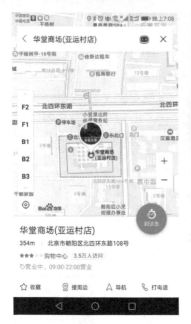

图 2-28　百度地图查看全景

图 2-29　Solar Walk

2.2.7　高效反馈

　　反馈是应用程序最原始的要求，是用户进行了某项操作之后，系统给用户的一个响应。不同的场景会有不同的响应形式，反馈的设计应该满足以下原则。

　　➢ 反馈是一种微交互，要体现直观性。

　　➢ 要用最少的反馈传达同样的信息。

➢ 反馈的方式根据信息的重要程度和相应的场景选择，可同时使用多种反馈方式。

➢ 反馈的速度要尽可能快。

在使用过程中，主要有以下四种反馈类型。

（1）操作反馈

在用户进行一个操作后出现反馈时，视觉化的反馈是非常直观有效的。

（2）结果反馈

结果反馈是对操作后的一种确认，结果为操作成功、操作失败或错误提示。例如，用户单击付款按钮后，便可以插入一个支付完成的小动画，很明显就是在告诉用户支付操作是成功的、失败的或错误的。

（3）状态反馈

当应用程序的状态发生了变化，或者操作前后展示效果不一样，需要通知用户。

（4）等待反馈

当操作需要等待一段时间，例如加载网页，需要反馈给用户当前的响应进度和合理的时间消耗，来让用户在等待过程中放松下来。

在反馈中使用动效反馈，可以带上一些情感元素，抓住用户的情绪，以便产生更好的效果。在实际工作中，应根据不同的场景和需求，合理选择不同的反馈及组合方式，在相应的时间位置进行反馈，以帮助用户理解，获得更好的体验。声音和震动也是反馈的一种表现形式，通过用户的操作加以声音和震动的引导，给用户很强的心理暗示。

2.2.8 引导作用

当应用程序中的功能比较复杂时，可以在用户使用时采用动效对功能的方向、步骤、位置、路径等进行引导，使用户快速地了解和掌握该功能。

现在许多网站都使用引导页作为第一个界面，而引导页则是通过动效实现的，图2-30

图2-30　"中国枫泾"网站的引导页

为"中国枫泾"网站的引导页，网址为：http://www.fengjing.gov.cn/html/ydy/。

图 2-31 为"莱茵"网站的引导页，网址为：http://layn.com.cn/。

图 2-31 "莱茵"网站的引导页

2.2.9 创新体验

目前，软件产品的设计越来越成熟，体验的差异化变得越来越小。在这种情况下，通过细节和交互方式的创新动效为产品增加亮点，可以给产品带来差异化的体验以及产品气质和态度的提升，让用户感觉这是一个非常有个性的产品。

2.3 动效分类

本节将对一些典型的 APP 动效分类进行介绍，具体如下。

2.3.1 视觉反馈动效

对于任何的 APP 应用，视觉反馈都是非常重要的。在现实生活中，人们和任何物体的交互都是伴随着回应的，相同地，用户操作 APP 的元素时也期待得到一个类似的效果，即 APP 给出视觉反馈，回应用户的操作，使用户感到在操控 APP 和 APP 的运行状态。APP 呈现的视觉、听觉及触觉，可以使用户感觉到操控 APP 的效果，其中视觉的效果更明显。例如，当一个按钮在放大或者一个被滑动图像在朝着正确方向移动，用户可以很明显感觉到这个 APP 在运行，正在响应用户的操作。例如在播放器使用中，用户只需跟随动效，就能够理解相邻 UI 状态之间究竟有着怎样的联系，如图 2-32 所示。

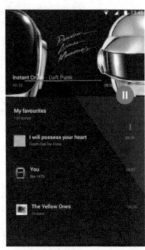

图 2-32 播放器动效

视觉反馈典型的应用是 Tinder，这是国外的一款手机交友 APP，其中使用的左划右划被大家所熟知，而这种交互方式同样是一种视觉反馈。这个动画效果已经被放在开源库 Koloda 中，Koloda 是基于卡片的 Tinder-style 动画效果示例，精细绝伦。

2.3.2　空间拓展动效

随着移动 APP 功能越来越强、结构越来越复杂，使用动效有助于简化复杂性。例如，导航动效可以动态地展示界面的元素，实现更有效的布局和方便的查找，如图 2-33 所示。

图 2-33　空间拓展动效

2.3.3　功能改变动效

功能改变动效是通过界面元素的变化展示功能的变化，当用户与一个元素交互时，界面元素变化的同时，功能随之发生改变，它经常与按钮、图标和其他设计小元素一起使用。例如，图标随着内容的变化而变化，在图 2-34 中，可以看到屏幕底端出现了更多的选项，它同样精炼了选择的过程。

图 2-34　图标随着内容的变化而变化

2.3.4 层次结构交互动效

界面的层次结构和元素的互动是非常重要的，动效能够通过互动更有效地阐明界面的层次关系，动效中每个元素都有其目的和定位，在图2-35中，导航栏的不同选项，对应不同的界面表现层次。

图2-35 层次结构交互动效

 ## 2.3.5 视觉提示动效

当界面元素的互动模式不可预估时，动效提供的视觉线索就十分必要了，视觉提示动效暗示如何与元素进行交互。在图2-36中，当用户打开音乐播放器，下面的歌单卡片就从屏幕的右侧出现，用户即可知道要水平滑动来浏览这些卡片。

图2-36 视觉提示动效

2.3.6　系统应用提示动效

移动终端发展到今天，已经具有非常强的智慧提示功能，其中之一就是情景智能，例如火车、航班出行计划在一定提前的时间内给予提示，如图2-37所示。

图2-37　系统应用提示动效

2.3.7　趣味交互动效

趣味交互动效是纯粹为用户带来好玩的动效，看起来非常别致并且很吸引人的注意力。非常独特的动效可以吸引用户并且让您的APP脱颖而出，这种效果能够带来愉悦感和游戏感，是设计师让用户爱上他们产品的一个秘密武器。

2.3.8　转场动效

转场动效在APP中的使用是非常多的，主要用于界面的切换，动态的转场更符合人的认知规律，有效地降低用户的认知负担，转场动效能够更自然、更清楚地表达前后界面的变化逻辑、层次结构、变化过程。如今转场动效的设计已日趋成熟，例如Android 5.0之后引入了Activity Transition来实现交互更加友好的转场动画效果，新转场动画可以控制页面中的每个元素。

2.4　动效评判

优秀的动效是完善用户体验中不可或缺的一环，好的动效设计需要满足以下几点。

（1）能够有效地达到设计目标。

（2）给用户更好的操作体验。

（3）实现了差异化的体验。

（4）情感化体验显著。

除此之外，动效的时间长度、创新性、趣味性等也是影响动效效果的重要因素。

2.5 本章小结

应用程序的动效通常是由基础动效组合而成的，本章介绍了常见的基础动效。动效能够让产品充满生命力，使用户和界面之间拥有情感的联系，提升用户体验。本章对动效的典型作用和动效的分类分别进行了详细介绍。

第3章

After Effects的应用

在动效设计工具中，After Effects 是一款功能超强大的动效制作工具，它不仅可以制作出各种动效，还可以将制作结果导入到移动制作和网页制作中。

3.1　After Effects 简介

本节将对 After Effects 软件的特点、工作界面、合成操作、图层应用和渲染设置进行介绍，具体如下。

 3.1.1　After Effects 软件及特点

After Effects 简称 AE，是 Adobe 公司开发的一款视频剪辑及特效设计软件，可以高效且精确地创建无数种引人注目的动态图形和震撼人心的视觉效果，After Effects 预设数百种效果和动画，不仅可以动态增加，还可以与其他 Adobe 软件紧密集成，合成各种 2D 和 3D 效果，为应用程序增添令人耳目一新的效果。After Effects 广泛应用于影片、电影、广告、移动应用以及网页等各个方面。

After Effects 可与其他 Adobe 应用程序无缝协作，如图 3-1 所示。可以通过 Dynamic Link 导入 Premiere Pro 项目，也可导入 Photoshop、Illustrator 和 Audition 的作品。

图 3-1　Adobe 其他应用程序

After Effects 以往版本发布情况如下。

➢ 2008 年 12 月 After Effects CS4 升级 9.0.1。
➢ 2009 年 5 月 After Effects CS4 升级 9.0.2。
➢ 2010 年 10 月 After Effects CS4 升级 9.0.3。
➢ 2011 年 4 月 After Effects CS5 发布。
➢ 2012 年 4 月 26 日 After Effects CS6 发布。
➢ 2013 年 6 月 18 日 After Effects CC 发布。
➢ 2014 年 6 月 After Effects CC 更新发布。
➢ 2015 年 3 月 After Effects CC 2015.3 发布。
➢ 2016 年 10 月 After Effects CC 2017 发布。
➢ 2017 年 10 月 After Effects CC 2018 发布。
➢ 2018 年秋季，After Effects CC 2019 发布。

由上可知，After Effects CC 是 Adobe 公司最新版本代号，具备 Cinema4D 功能，After Effects CC 2018 可以帮助用户更快速、轻松地创建复杂的动画和运动图形。After Effects CC 只有 64 位，不支持 32 位系统，CC 版本比 CS6 版本在优化上更好，有中文版，不需要汉化。但是 CC 版本是独立软件，CS6 版本是套装，所以在一些软件之间的转换和挂靠比 CC 版本更为稳定。本书选择 After Effects CC 2018 版本进行介绍。

3.1.2　After Effects CC 工作界面

After Effects CC 2018 安装完成以后，开始运行，启动后的初始界面如图 3-2 所示。

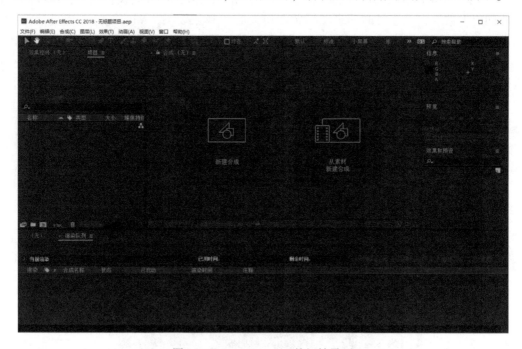

图 3-2　After Effects CC 的初始界面

After Effects 的工作界面主要包括：菜单栏、工具栏、项目窗口、时间轴窗口、合成窗

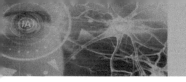

口、图层窗口、素材窗口、信息面板、预览窗口、效果窗口、效果和预设等，如图 3-3 所示。

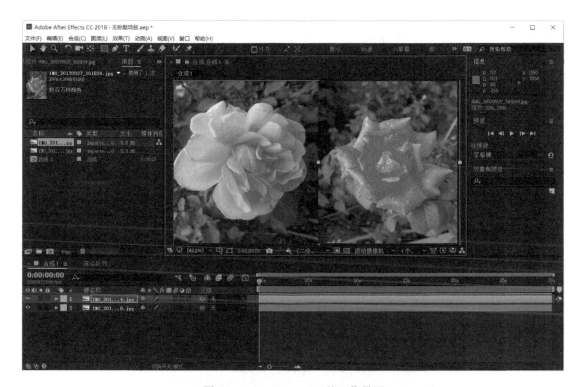

图 3-3　After Effects CC 的工作界面

1. 菜单栏和工具栏

菜单栏包括 9 个下拉菜单，每个下拉菜单包含不同的菜单项，每个菜单项对应不同的操作，菜单基本包含了 After Effects 所有的功能操作，每个菜单项都有对应的快捷键。工具栏是对应 After Effects 中常用菜单功能的快捷操作，如图 3-4 所示。

图 3-4　菜单栏和工具栏

2. 项目窗口

项目窗口是管理素材资源和合成的窗口，在特效制作过程中需要导入各种素材，导入的素材就放在项目窗口。另外使 After Effects 制作各种效果的合成条目也放在项目窗口里，如图 3-5 所示。

3. 时间轴窗口

时间轴窗口是基于层的动画制作窗口，可调整各种层的顺序，设置层的属性，每个层可以放置不同的素材，每个层也可以是一个合成，每一个时间线窗口是一个合成。时间轴窗口可以设置素材的播放长度，也可以建立各种属性的关键帧动画，制作各种合成效果，是动作制作操作的主要窗口，如图 3-6 所示。

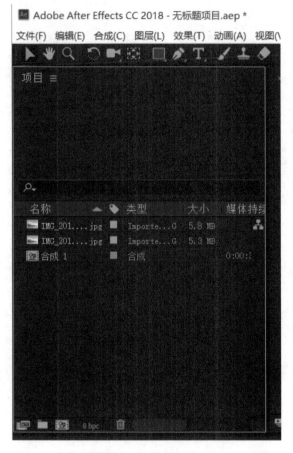

图 3-5　项目窗口

图 3-6　时间轴窗口

4. 合成窗口

合成窗口是合成效果的展示窗口，用于预览创作时和最终的效果。合成窗口可以设置预览的视图，默认为活动摄像机，如图 3-7 所示。

5. 图层窗口

图层窗口用于预览图层的内容，如图 3-8 所示。在该窗口的下部有一些工具，可以对素材进行操作，例如设置入点和出点等。

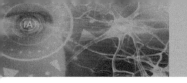

图 3-7　合成窗口

图 3-8　图层窗口

6. 效果和预设窗口

效果和预设窗口列出了 After Effects 的各种效果，如图 3-9 所示。After Effects 的效果先分大类项，再分小类项，在创作过程中可以在时间轴窗口的各个层使用其中一种或几种效果。

7. 效果窗口

效果窗口展示了时间轴窗口当前选择层使用的各种效果，该窗口可以对效果参数进行更精细的控制，如图 3-10 所示。

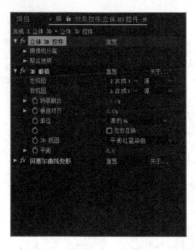

图 3-9　效果和预设窗口　　　　　　　　图 3-10　效果窗口

8. 预览窗口

在预览窗口中，用户可以播放控制合成的效果，如图 3-11 所示。

图 3-11　预览窗口

 3.1.3　After Effects CC 的合成

合成可以说是 After Effects 的核心，制作一段特效或动画需要新建一个合成，合成中也可以嵌套合成，合成的纵向是由层构成，横向是由层沿时间轴制作的各种 After Effects 动画构成，如图 3-12 所示。

制作合成前首先打开"合成设置"对话框，对合成的名称、合成的制式、合成的大小、帧速率、持续时间等进行设置。用户可以在菜单栏中执行"合成 > 新建合成"命令，或者选择"合成 > 合成设置"命令，会弹出"合成设置"对话框，如图 3-13 所示。

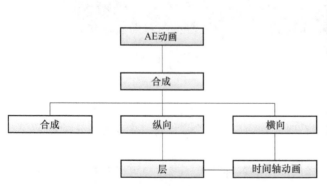

图 3-12　After Effects 的动画结构

图 3-13　"合成设置"对话框

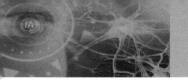
3.1.4 After Effects CC 的图层

在 After Effects 中新建合成后，合成的操作主要是层的操作，After Effects 使用的各种素材也是以层的形式显示在合成中，层的叠加是画面的叠加，也是各种特效的叠加，类似于 Photoshop 中的图层，只不过 Photoshop 中是静态的图片，After Effects 的层是动态的各种特效效果，After Effects 的各种动画也是基于层实现的。

在 After Effects 中，如果将素材拖到合成的时间轴窗口，就会形成一个图层。用户也可以在 After Effects 中新建一些种类的图层，主要有文本（T）图层、纯色（S）图层、灯光（L）图层、摄像机（C）图层、空对象（N）图层、形状图层以及调整图层（A）等等，如图 3-14 所示。

图层(L) 效果(T) 动画(A) 视图(V) 窗口 帮助(H)		
新建(N)	▶	文本(T) Ctrl+Alt+Shift+T
图层设置... Ctrl+Shift+Y		纯色(S)... Ctrl+Y
打开图层(O)		灯光(L)... Ctrl+Alt+Shift+L
打开图层源(U) Alt+Numpad Enter		摄像机(C)... Ctrl+Alt+Shift+C
在资源管理器中显示		空对象(N) Ctrl+Alt+Shift+Y
蒙版(M)	▶	形状图层
蒙版和形状路径	▶	调整图层(A) Ctrl+Alt+Y
品质(Q)	▶	Adobe Photoshop 文件(H)...
开关(W)	▶	MAXON CINEMA 4D 文件(C)...

图 3-14　After Effects 本身的图层

（1）文本图层：用于文字编辑，可以直接输入文字，也可以通过字符面板窗口调整文字的参数。文本图层可以加载 After Effects 的各种内置动画，也可以设置为 3D 图层，最典型的应用就是创建各种字幕及字幕动画。

（2）纯色图层：又叫固态层，一般用于设置制作的背景。纯色图层可以加载 After Effects 的各种内置动画，因为在某些情况下制作的动画是需要加载在纯色图层上的。纯色图层配合图形工具和钢笔工具，可以实现各种蒙版的效果应用。

（3）灯光图层：灯光图层和摄像机图层只应用于 3D 场景，作为光源作用于场景。灯光类型有四种，分为平行光、聚光、点光和环境光，用户可在"灯光设置"对话框中选择，一般灯光设置需要勾选"投影"复选框，这样灯光才起作用，如图 3-15 所示。

（4）摄像机图层：用于 3D 场景制作，摄像机图层在场景是不可见的，通过调节摄像机位置和旋转，形成动画。摄像机类型分为单节点摄像机和双节点摄像机，单节点摄像机只控制摄像机的位置，双节点摄像机控制摄像机位置和被拍摄目标点的位置，如图 3-16 所示。

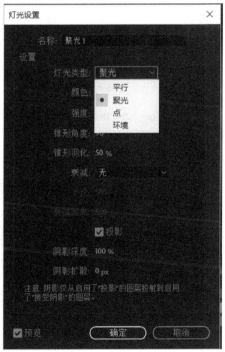

图 3-15　"灯光设置"对话框

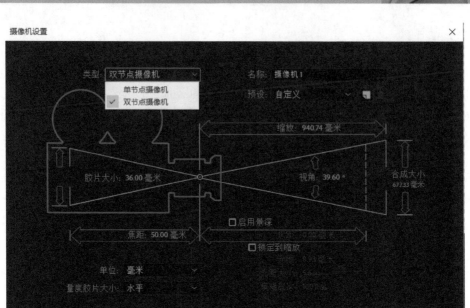

图 3-16　摄像机设置

（5）空对象图层：空对象图层不具备内容信息，在场景不可见，主要用途就是提供位置参考，它是非常重要的。

（6）形状图层：在形状图层可以绘制各种形状，制作各种形状动画，很多 MG 都是用它完成的。

（7）调整图层：调整图层也不具备内容信息，是一个空白对象，在调整图层可以加载 After Effects 的各种动画，其动画效果将作用于下面的图层。

3.1.5　After Effects CC 的渲染

使用 After Effects 进行动画制作后，将结果导出为视频时，就需要对制作的合成进行渲染。操作步骤为：（1）选中合成；（2）在 After Effects 菜单中执行"合成 > 预渲染"命令；（3）在打开的渲染窗口中单击"渲染"按钮，如图 3-17 所示。

图 3-17　After Effects 渲染窗口

在 After Effects 渲染窗口中，单击"自定义：AVI"折叠按钮，弹出"输出模块设置"

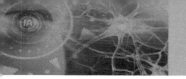

对话框，用户可以选择输出的格式及输出的音频格式等，如图 3-18 所示。

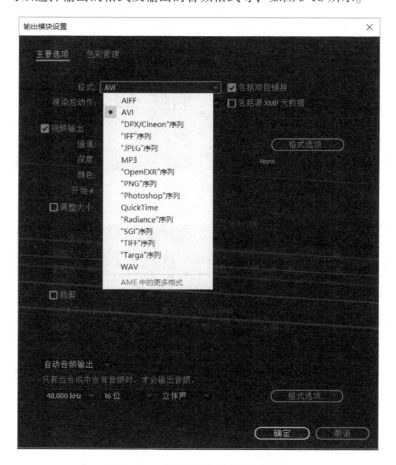

图 3-18　"输出模块设置"对话框

3.2　After Effects CC 动画

After Effects CC 是一个符合行业标准的制作动画和创意软件，可以将任何灵感制作成动画，下面对 After Effects 的动画应用进行介绍。

 ### 3.2.1　关键帧动画

动画表现为画面内容的变化，前后两种不同状态的设置为关键帧，中间的变化和衔接由 After Effects 软件来完成，就形成关键帧动画。

在 After Effects 中，合成的每个层都可以展开属性，每个属性前面会有一个秒表图标，单击可以激活关键帧，在时间轴窗口的右半部分拖动到另一个位置，改变属性值，会形成另外一个关键帧，这两个关键帧就形成了关键帧动画，如图 3-19 所示。

另外，加载在合成层上的各种 After Effects 特效时，每种特效具有不同的属性，每个属性都可以设置关键帧动画，如图 3-20 所示。

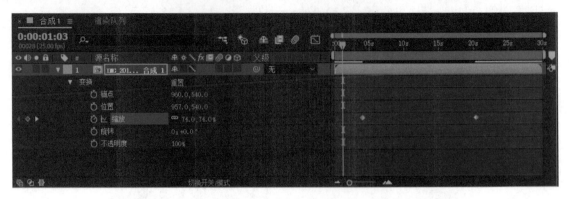

图 3-19　属性关键帧动画

图 3-20　特效关键帧动画

下面对 After Effects 的关键帧的类型进行介绍，具体如下。

（1）菱形关键帧：最基本的关键帧，为默认设置的关键帧。

（2）缓动关键帧：能够使动画运动的出入变得平滑。

（3）缓入缓出关键帧：只是实现动画的一段平滑，包括入点平滑关键帧和出点平滑关键帧。

（4）圆形关键帧：属于平滑类关键帧，可以使动画曲线变得平滑可控。

（5）正方形关键帧：该类型关键帧是硬性变化的关键帧，多用于文字图层的动画制作，可以在一个文字图层的多个文字源中分别实现不同的文字变换效果。

 3.2.2　效果动画

After Effects 的效果动画又叫特效动画，是该软件制作各种动画效果的核心，After Effects 提供了丰富齐全的效果制作选项，如图 3-21 所示。

安装 After Effects 时，系统自带的效果是内置效果，After Effects 的效果是可以动态增加的，后面增加的效果称为外置效果，常用的外置效果有 LightFactory 光工厂、流体 Turbulence2D 插件、After Effects 扭曲变形变脸插件 REVisionFX. RE-Flex 及 Trapcode 效果插件等。外置插件下载以后，需要解压拷贝到 After Effects 安装目录的子目录 C：\Program Files\Adobe\Adobe After Effects CC 2018\Support Files\Plug-ins 下，然后重新启动软件即可使用。

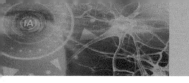

图 3-21　After Effects "效果"菜单

3.2.3　蒙版动画

蒙版又叫遮罩，可以使动画的一部分内容可见，另一部分内容不可见。要创建蒙版，则在时间轴窗口选中要创建蒙版的图层，使用绘图工具绘制一个蒙版，进行蒙版的创建。然后将创建图层展开，就可以看到蒙版选项，如图 3-22 所示。

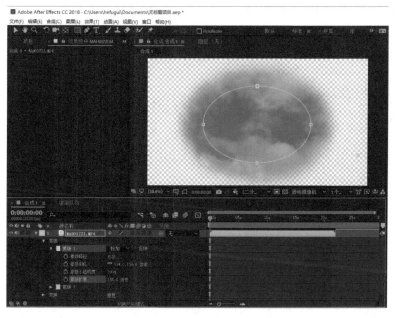

图 3-22　绘制蒙板

蒙版选项包含四个内容：蒙版路径、蒙版羽化、蒙版不透明度和蒙版扩展，这四个属性可以设置关键帧动画。

➤ 蒙版路径可以将蒙版形状重新设置为矩形或椭圆。

➤ 蒙版羽化设置便于进行虚化处理。

➤ 蒙版不透明度参数用于对蒙版的透明度进行设置。

➤ 蒙版扩展参数用于设置蒙版的范围。

绘制的蒙版与所在的层可以搭配不同的混合模式效果，如图 3-23 所示。

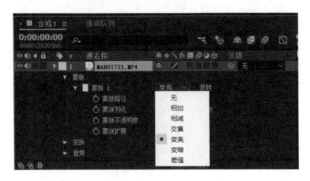

图 3-23 混合模式选择

 3. 2. 4 文字动画

After Effects 的文字动画包括文字路径动画和文字内置动画两种，下面分别进行介绍。

1. 文字路径动画

文字可以沿设置的路径运动，实现方法为：建立一个文字层，选中文字层，使用绘图工具绘制一个蒙版，然后展开文字层，在"路径选项"中选择"路径"，在右边的下拉列表选择蒙版 1，然后设置"首字边距"参数来制作关键帧动画，就可以完成文字路径动画的设置了，如图 3-24 所示。

图 3-24 文字路径动画

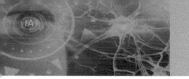

2. 文字内置动画

建立文字图层后，用户可以选择文字的内置动画来实现动画效果。方法为：展开文字层，单击 动画: ▶ 按钮，在出现的动画菜单中选择所需的选项，即可通过关键帧实现动画效果，如图 3-25 所示。

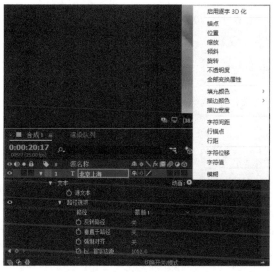

图 3-25　文字层内置动画

 3. 2. 5　表达式动画

After Effects 表达式基于 JavaScript 语言，是 After Effects 的进阶部分。如果用户是 After Effects 的入门新手，表达式使用起来有点难度，但如果用户有编程的基础，After Effects 表达式的使用也是容易掌握的，优秀的 After Effects 表达式能使动画更加细腻、流畅，能自动化用户的创作流程。

在 After Effects 中添加表达式的方法为：选择层的属性或层效果的属性，按住键盘上的 Alt 键，并用鼠标左键单击需要添加表达式效果前面的秒表图标 ⏱，时间轴轨道会变成表达式输入栏，并自动填充默认效果的表达式。用户也可以单击 ▶ 按钮，弹出表达式的种类菜单，如图 3-26 所示。

图 3-26　在 After Effects 中添加表达式

在文字层使用表达式 wiggle（2,300）使文字抖动，每秒抖动两次，每次抖动 300 个像素，如图 3-27 所示。

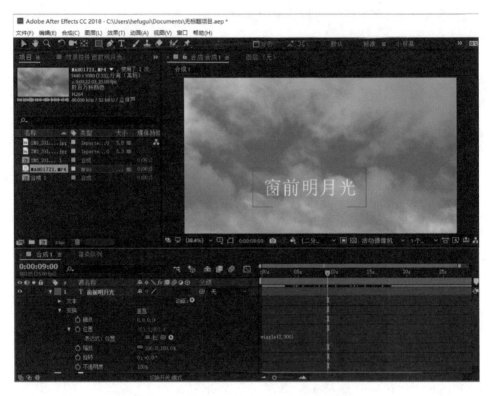

图 3-27　使用 wiggle 表达式实现文字抖动

3.2.6　3D 动画

After Effects 虽然不是 3D 软件，但也具有 3D 的功能，可以做出一些简单的 3D 动画效果。在 After Effects 的合成层有一个 3D 开关 ▧，打开开关可以使层变为 3D 层，属性也会随之发生变化，方向具有了 X 轴、Y 轴、Z 轴，如图 3-28 所示。

图 3-28　After Effects 层的 3D 开关

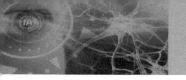

另外，After Effects 可以使用第三方 3D 插件实现 3D 动画，E3D 插件是 After Effects 的强大三维插件，它能够做出很多三维的效果，例如三维文字、三维 Logo 等。使用该插件也能够导入一些 3D 模型，配合 After Effects 中的三维摄像机、灯光等进行合成，做出炫酷的 3D 效果。

3.3 After Effects 动画导出

After Effects 动画制作完成后，可以导出多种格式供用户使用，下面分别进行介绍。

3.3.1 导出为视频和图像序列

After Effects 可以将动画导出为 AVI 格式的视频，这种格式是 After Effects 的默认导出格式。After Effects 也可以将动画导出为图像序列及音频，如图 3-29 所示。

（1）AIFF（Audio Interchange File Format）为音频交换文件格式，是一种数字音频（波形）的数据文件格式，常用于个人电脑及其他电子音响设备存储音乐数据。

（2）AVI（Audio Video Interleaved）是音频视频交错格式，该文件格式可以将音频（语音）和视频（影像）数据同时存放在一个文件中，允许音视频同步回放，并支持多个音视频流。

（3）DPX（Digital Picture Exchange）是一种用于电影制作的格式，将胶片扫描成数码位图的时候，设备可以直接生成这种对数空间的位图格式。该格式在 After Effects 导出时，需要使用插件用于保留阴影部分的动态范围，加入输入输出设备的属性提供给软件进行转换与处理。

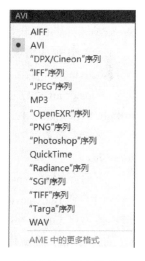

图 3-29　导出格式

（4）IFF 是一种通用的数据存储格式，能够关联和存储多种类型的数据，可以用于存储静态图片、声音、音乐、视频和文本数据等多种扩展名的文件。IFF 格式包括 Maya IFF 和 Amiga IFF，IFF 文件格式常用于存储图像和声音文件。

（5）JPEG 是应用最广泛的图片格式之一，它采用有损压缩算法，将不易被人眼察觉的图像颜色删除，可达到较大的压缩比（2:1 到 40:1）。因为 JPEG 格式经过压缩文件较小，是互联网上使用最广泛的文件格式。

（6）MP3（Moving Picture Experts Group Audio Layer III）是一种音频压缩技术，它大幅度地降低音频数据量。利用 MP3 技术，将音乐以 1:10 甚至 1:12 的压缩率，压缩成较小的文件，而音质与原始音频相比没有明显的下降。

（7）OpenEXR 是一种高动态范围的图像文件格式，由 ILM 目前生产的所有电影使用，OpenEXR 已成为 ILM 的主要图像文件格式。

（8）PNG 格式与 JPG 格式类似，网页中很多图片都是这种格式，压缩比高于 GIF 格式，支持图像透明模式，可以利用 Alpha 通道调节图像的透明度，是网页三剑客之一 Fireworks 的源文件。

（9）Photoshop 是一个图像处理软件，它的默认格式为 PSD，After Effects 可以导出为 PSD 图像格式序列。

（10）QuickTime 是 Apple（苹果）公司创立的一种视频格式，在 Windows 平台导出此格式需要安装 QuickTime 播放器。

（11）Radiance 是一种图像格式。

（12）SGI 图像格式常应用在 SGI 工作站。

（13）TIFF（Tagged Image File Format）是一种图像格式，支持多种色彩及多种色彩模式，文件体积大。

（14）Targa 是一种图像格式。

（15）WAV 是一种声音文件格式，是 Windows 平台的原始声音格式。

 3.3.2　应用 Bodymovin 把 After Effects 动画转换成 Web/Android/iOS 原生动画

Bodymovin 插件可以把 After Effects 上做好的动画导出为 Json 格式的文件，然后以 Web/Android/iOS 原生动画的形式在移动设备上渲染播放，该插件可以有效地把 After Effects 和 Web/Android/iOS 联系起来，方便了前端动画的设计。

➢ Web 页面播放：以 svg/canvas/html + js 的形式播放，Bodymovin 本身提供了播放的 JS 文件 bodymovin. js；

➢ Android 播放：通过 Android 的 Lottie 库播放，Lottie 库下载地址为 https://github.com/airbnb/lottie-android；

➢ iOS 播放：通过 iOS 的 Lottie 库播放，Lottie 库下载地址为 https://github.com/airbnb/lottie-ios。

下面介绍 Bodymovin 插件的使用方法。

（1）到 Bodymovin 的 GitHub 下载页面 https://github.com/bodymovin/bodymovin，下载 ZIP 包；或者到 https://github.com/bigxixi/bodymovin_cn 下载页面，下载汉化的 ZIP 包 bodymovin cn-master. zip，在解压文件目录下找到 bodymovin. zxp 文件，即 Bodymovin 插件包了。

（2）下载安装 ZXP Installer，下载地址为 http://aescripts.com/learn/zxp-installer/，文件名为 aescript + aeplugins zxp installer. exe，运行并开始安装，如图 3-30 所示。

图 3-30　ZXP 安装

（3）安装完成后启动 ZXP，在菜单栏中执行 File > Open 命令，载入上述 . zxp 插件包，ZXP Installer 会自动开始安装。安装过程及完成后的界面如图 3-31 所示，表示插件已成功安装。

（4）重新启动 After Effects，在菜单栏中执行"编辑 > 首选项 > 常规"命令，在弹出的

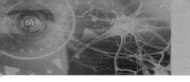

"首选项"对话框中勾选"允许脚本写入文件和访问网络"复选框后，单击"确定"按钮，如图 3-32 所示。

图 3-31　安装 Bodymovin 插件

图 3-32　"首选项"对话框

（5）在 After Effects 的菜单栏中，执行"窗口 > 扩展 > Bodymovin"命令，打开 Bodymovin 插件窗口，可以发现"合成1"出现在下面的列表中。选中"合成1"选项，设置好 Json 文件输出的目标文件夹，单击"渲染"按钮，如图 3-33 所示。

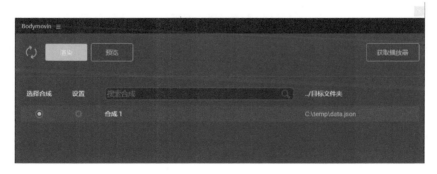

图 3-33　Bodymovin 插件窗口

（6）渲染完成的界面如图3-34所示。

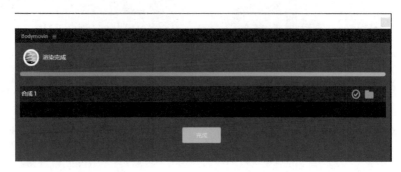

图3-34　渲染完成

（7）输出结果如图3-35所示。

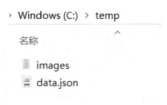

图3-35　输出结果

3.3.3　应用 Lottie 库实现 Android/iOS/Web 加载 After Effects 动画

After Effects 制作的动画通过 Bodymovin 插件导出 Json 文件及附属资源后，在 Android、iOS 和 Web 中通过 Lottie 库可以加载 Json 文件实现 After Effects 的动画效果，Lottie 主页面为 http：//airbnb.io/lottie/，如图3-36所示。

图3-36　Lottie 库下载页面

在主页面的左侧，可以看到 Android、iOS、React 和 Web 等选项，选择相应的选项，在右侧将显示对应的详细使用说明，如图 3-37 所示。

图 3-37　Android 使用 Lottie

Lottie 并不能支持 Json 内所有种类的动画，目前 Lottie 动画还有许多限制，不支持 After Effects 的预合成、表达式、3D 图层、多重形状等多种动画。

应用 Lottie 的优点如下。

➢ Lottie 让设计师可以使用 After Effects 进行动画设计。

➢ 支持 Android、iOS、React Native 多平台。

➢ 支持实时渲染 After Effects 动画，让 APP 加载动画像加载图片一样简单。

3.4　在 Android 中应用 After Effects 动画

（1）在 After Effects 中制作一段图片的旋转和缩放的动画，如图 3-38 所示。

图 3-38　图片的旋转和缩放

（2）使用 Bodymovin 插件导出，结果为 Json 格式的文件和图像文件夹，如图 3-39 所示。

启动 Android Studio，新建项目 Lottie_Test，只需要在 app/build.gradle 文件的 dependencies 闭包添加引用就可以了，内容如下。

```
dependencies {
    implementationfileTree(dir: 'libs', include: ['*.jar'])
    ......
    implementation 'com. airbnb. android:lottie:2. 5. 1 '
}
```

图 3-39　Bodymovin 插件导出结果

（3）将 Bodymovin 插件导出的 data. json 文件和图像文件夹复制到 Android 项目的 assets 目录下，assets 目录在 main 目录下，如图 3-40 所示。

图 3-40　assets 目录

（4）在 res/layout 的布局文件 layout. xml 中布置 LottieAnimationVie 控件，代码如下。

```
< ? xml version = "1. 0" encoding = "utf-8"? >
< LinearLayout xmlns:android = http://schemas. android.com/apk/res/android
    xmlns:app = http://schemas. android.com/apk/res-auto
    android:layout_width = "match_parent"
    android:layout_height = "match_parent" >
    < com. airbnb. lottie. LottieAnimationView
        android:id = "@ +id/animation_view"
        android:layout_width = "match_parent"
        android:layout_height = "match_parent"
        app:lottie_autoPlay = "true"
        app:lottie_fileName = "data. json"
        app:lottie_imageAssetsFolder = "images/"
        app:lottie_loop = "true"/ >
</LinearLayout >
```

其中 lottie_ fileName 就是 json 文件全称，后缀 json 也不能少；lottie_imageAssetsFolder 是动画所需图片资源在 assets 中的绝对路径，如果没有图片资源，可以省略；app：lottie_autoPlay

表示是否自动开始播放。

将 Android 项目编译打包为 APK 文件，下载到手机安装运行，结果如图 3-41 所示。

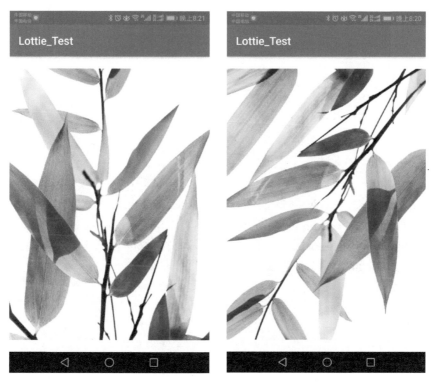

图 3-41　查看运行结果

另外，也可在代码中实现，代码如下。

```
public class MainActivity extends AppCompatActivity {
LottieAnimationView av;
@Override
protected void onCreate(BundlesavedInstanceState) {
    super.onCreate(savedInstanceState);
    setContentView(R.layout.layout);
    av = (LottieAnimationView) findViewById(R.id.animation_view);
    av.setAnimation("data.json", LottieAnimationView.CacheStrategy.Strong);
    av.setSpeed(2f);
    av.playAnimation();
    av.addAnimatorListener(new Animator.AnimatorListener() {
        @Override
        public voidonAnimationStart(Animator animator) {}
        @Override
        public voidonAnimationEnd(Animator animator) {}
        @Override
        public voidonAnimationCancel(Animator animator) {};
                @Override
```

```
    public voidonAnimationRepeat(Animator animator) { };
  });
av. addAnimatorUpdateListener(newValueAnimator. AnimatorUpdateListener() {
  @ Override
  public voidonAnimationUpdate(ValueAnimator valueAnimator) {
  }
  });
  }
}
```

3.5 在 Web 中应用 After Effects 动画

要在 Web 网页中播放 Bodymovin 插件导出的 After Effects 动画，要使用 bodymovin. js 脚本文件，用户可以在 Bodymovin 的 GitHub 项目网页 https://github.com/bodymovin/bodymovin 中下载。然后将下载的 bodymovin. js 文件、Bodymovin 插件导出结果，新建的 Html 文件放置到 Web 文件目录下，如图 3-42 所示。

图 3-42　Web 文件目录

新建 Html 文件 Bodymovin_ Test.html 的代码如下。

```
<! DOCTYPE html >
<html lang = "en" >
<head >
    <meta charset = "UTF-8 " >
    <title >Bodymovin Demo </title >
    < script src = "bodymovin. js" > </script >
</head >
<body >
    <div id = "animation" > </div >
    <script >
        bodymovin. loadAnimation({
            path:'data. json',
            imagePath: 'images \',
            loop:true,
            autoplay:true,
            renderer:'canvas',
            container:document. getElementById('animation')
```

```
    });
  </script>
</body>
</html>
```

将 Web 文件目录作为网站应用程序布置到 IIS 服务器，然后运行该页面，就会发现动画运行起来，如图 3-43 所示。

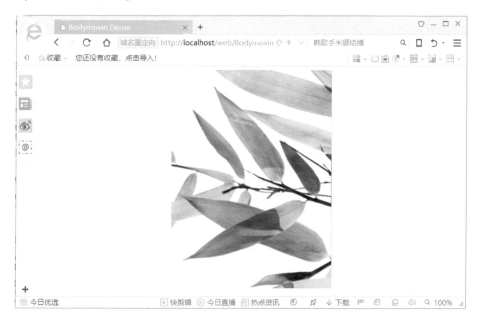

图 3-43　通过 Web 运行 After Effects 动画

3.6　本章小结

　　After Effects 是一款功能强大的动效设计软件，本章介绍了 After Effects 软件的特点、工作界面、合成操作、图层功能、渲染设置和输出操作，并介绍了 After Effects 使用 Bodymovin 插件导出动画的方法和 Android 使用 Lottie 导入 After Effects 动画的方法。

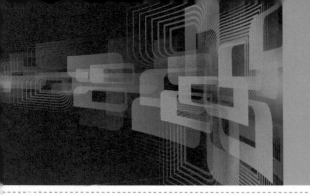

第4章

Android基础动画

Android 对动画有很好的支持，Android 动画一般可分为三类：（1）补间动画（Tween Animation），通过对 APP 界面内的元素产生平移、缩放、旋转、伸展等动画效果；（2）帧动画（Frame Animation），也叫 Dramable 动画，按照一定的时间间隔显示图片序列；（3）属性动画（Property Animation），随 APP 界面元素的属性动态改变的动画效果。本章将对这些动画的应用进行详细介绍。

4.1 绘图动画

Graphics 为 Android 的绘图基类，是一个功能齐全的绘图类，提供了基本的几何绘图方法，主要绘制的图形有线段、矩形、圆、椭圆、圆弧、多边形、字符串和带颜色的图形等。

 ### 4.1.1 Graphics 类基础

Graphics 具有很强的绘图功能，原因是有很多子类，下面将对 10 个非常重要的子类进行介绍。

（1）Color 类：提供绘图时使用的颜色。

（2）Paint 类：提供绘图使用的画笔，示例代码如下。

Paint p = new Paint( )；//新建画笔；

p. setColor（Color. RED）；//设置画笔颜色。

（3）Rect 类：矩形类，以屏幕左上角为起始点坐标进行绘制。

（4）Canvas 类：画布或者画板，Android 中 2D 图形可以使用 Canvas 来实现，常用的方法如下。

   ➢ drawBitmap( )：绘制位图，例如，drawBitmap（Bitmap bitmap，Matrix matrix，Paint paint）。

   ➢ drawPath( )：绘制路径，例如，drawPath（Path path，Paint paint）。

   ➢ drawText( )：绘制文本，例如，drawText（String text，float x，float y，Paint paint）。

   ➢ drawRect( )：绘制矩形，例如，public void drawRect（Rect rect，Paint paint）。

（5）NinePatch 类：NinePatch 是 Android 提供的一种图片格式，可以根据实际情况横向或纵向拉伸。

（6）Matrix 类：矩阵工具类，其本身不能对图像或 View 进行变换，但可通过 Canvas 控制图形或进行 View 的变换。

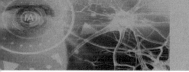

（7）Bitmap 类：表示系统的一张图片，Bitmap 类图片的加载离不开使用 BitmapFactory 类，例如从本地资源中加载 Bitmap bmp = BitmapFactory. decodeResource（getResources（），R. drawable. image）。

（8）BitmpFactory 类：能够读取存储卡、文件系统、资源中的图片文件。

（9）Shader 类：是绘图过程中的着色器。

（10）Typeface 类：用于字体设置，定义了 Android 常用的字体类型和字体样式。

 4.1.2　Matrix 类变换图片

通过 Matrix 类可以对图片进行平移变换（Translate）、缩放变换（Scalc）、旋转变换（Rotate）和斜切变换（Skew）。

下面介绍如何通过 Matrix 类变换图片的操作步骤。

（1）获取系统图片，代码如下。

```
private BitmapbaseImage;
baseImage = BitmapFactory. decodeResource(getResources(), R. drawable. img);
```

（2）获取布局的图片控件，代码如下。

```
privateImageView image;
image = (ImageView) findViewById(R. id. imageView);
```

（3）定义图片变换函数。

图片放下缩小的函数代码如下。

```
void Image_Scale(int x, int y) {
        Bitmap Image = Bitmap. createBitmap(baseImage. getWidth(),
                baseImage. getHeight(), baseImage. getConfig());
        Canvas canvas = new Canvas(afterImage);
        Matrix matrix = new Matrix();
        matrix. setScale(x, y);
        canvas. drawBitmap(baseImage, matrix, paint);
    image. setImageBitmap(afterImage);
}
```

图像斜切的函数代码如下。

```
void Image_Skew(float x, float y) {
  Bitmap afterImage = Bitmap. createBitmap(baseImage. getWidth()
                +baseImage. getWidth(), baseImage. getHeight()
                  +baseImage. getHeight(), baseImage. getConfig());
  Canvas canvas = new Canvas(afterImage);
  Matrix matrix = new Matrix();
  matrix. setSkew(x, y);
  canvas. drawBitmap(baseImage, matrix, paint);
  image. setImageBitmap(afterImage);
}
```

图像旋转的函数代码如下。

```
void Image_Rotate(int degrees) {
```

```
    Bitmap afterImage = Bitmap.createBitmap(baseImage.getWidth(),
                baseImage.getHeight(), baseImage.getConfig());
    Canvas canvas = new Canvas(afterImage);
    Matrix matrix = new Matrix();
    matrix.setRotate(degrees, baseImage.getWidth()/2,baseImage.getHeight()/2);
    canvas.drawBitmap(baseImage, matrix, paint);
    image.setImageBitmap(afterImage);
    }
```

（4）在按钮事件代码中调用函数，代码如下。

```
scale.setOnClickListener(new View.OnClickListener()
{
    @Override
    public voidonClick(View view) {
        Image_Scale(2,2);
    }
});
```

（5）atrix 图片变换的运行结果如图 4-1 所示，完整项目参考本书代码 Matrix_Image。

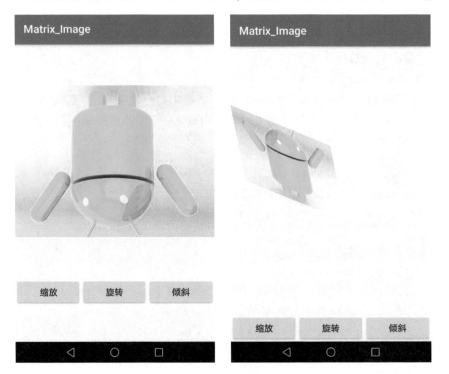

图 4-1　Matrix 图片变换的运行结果

4.1.3　绘制路径文字

要绘制路径文字，首先要建立一个路径类，然后应用 canvas 类 android. graphics. Canvas. drawTextOnPath（String text, Path path, float hOffset, float vOffset, Paint paint）绘出路径文字，

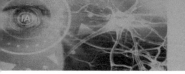
实现代码如下。

（1）设置画笔

```
Paint paint = new Paint();
paint.setColor(Color.RED);   //设置画笔颜色
paint.setStrokeWidth(5);//设置画笔宽度
paint.setAntiAlias(true);//指定是否使用抗锯齿功能,如果使用,会使绘图速度变慢
paint.setTextSize(45);//设置文字大小
paint.setStyle(Paint.Style.STROKE);//绘图样式,设置为填充
```

（2）准备文字

```
String string = "风萧萧兮易水寒,壮士一去兮不复返";
```

（3）创建路径

```
PathcirclePath = new Path();
circlePath.addCircle(500,400, 250, Path.Direction.CCW);//逆向绘制
```

（4）绘制路径

```
canvas.drawPath(circlePath, paint);//绘制出路径原形
```

（5）绘制路径文件

```
canvas.drawTextOnPath(string, circlePath, 0, 0, paint);
```

 4.1.4　绘制图片倒影

下面介绍应用 Android 绘制图片倒影的操作步骤，具体如下。

（1）获取布局的图片控件

```
ImageView imageView = (ImageView) findViewById(R.id.image);
```

（2）获取资源图片

```
Bitmap bmp = ((BitmapDrawable) getResources().getDrawable(R.drawable.flower))
.getBitmap();
```

（3）处理图片反转

```
Matrix matrix = new Matrix();
matrix.setScale(1,-1)   ;//倒影翻转
Bitmap reflectionImage = Bitmap.createBitmap(bmp, 0, bmp.getHeight()/2,
bmp.getWidth(),bmp.getHeight()/2, matrix, false);//创建反方向 Bitmap
```

（4）合成图片

```
Bitmap bitmapWithReflection = Bitmap.createBitmap(bmp.getWidth(),
                    bmp.getHeight()+bmp.getHeight()/2,bmp.getConfig());
```

（5）以合成图片为画布

```
Canvas gCanvas = new Canvas(bitmapWithReflection);
//将原图和倒影图片画在合成图片上
gCanvas.drawBitmap(bmp,0,0,null);
gCanvas.drawBitmap(reflectionImage,0,bmp.getHeight()+50,null);
```

（6）添加遮罩

```
Paint paint = new Paint();
Shader.TileMode tileMode = Shader.TileMode.CLAMP;
```

```
LinearGradient shader = new LinearGradient(0,bmp.getHeight()+50,0,
    bitmapWithReflection.getHeight(),Color.BLACK,Color.TRANSPARENT,tileMode);
paint.setShader(shader);
```

（7）取矩形渐变区和图片的交集

```
paint.setXfermode(new PorterDuffXfermode(PorterDuff.Mode.DST_IN));
gCanvas.drawRect(0,bmp.getHeight()+50,bmp.getWidth(),bitmapWithReflection.getHeight
(),paint);
```

（8）将合成的图像设置到布局的图片控件

```
imageView.setImageBitmap(bitmapWithReflection);
```

其中 LinearGradient 是建立一个线性渐变，类的构造说明如下：

```
publicLinearGradient(float x0, float y0, float x1, float y1, int color0, int
color1, TileMode tile)
```

参数说明如下：x0 为起点的 x 坐标；y0 为起点的 y 坐标；x1 为终点的 x 坐标；y1 为终点的 y 坐标；color0 为渐变起始颜色；color1 为变终止颜色；tile 为渲染器平铺的模式，一共有三种。

TileMode 提供三种模式，分别为 CLAMP：边缘拉伸；REPEAT：重复在水平和垂直两个方向；MIRROR：镜像在水平和垂直两个方向上。

执行效果如图 4-2 所示，完整项目参考本书代码 Image_Reflection。

图 4-2　图片倒影效果

 4.1.5　drawBitmapMesh 实现图像扭曲

Android 的 Canvas 类提供了一个 drawBitmapMesh() 方法，该方法非常灵活，可以对位图进行扭曲，实现"水波纹""旗帜飘扬"等效果。

drawBitmapMesh 的原型如下。

drawBitmapMesh. (Bitmap bitmap, int meshWidth, int meshHeight, float[] verts, int vertOffset, int[] colors, int colorOffset, Paint paint)

下面对其中主要参数的含义进行介绍。

➢ bitmap：原位图。

➢ meshWidth/meshHeight：在横/纵向上把原位图划分为多少格。

➢ verts：长度为（meshWidth + 1）*（meshHeight + 1）* 2 的数组，记录了扭曲后位图各 "控制点" 的位置，这些数组元素控制对 bitmap 位图的扭曲效果。

➢ vertOffset：控制 verts 数组中从第几个数组元素开始才对位图进行扭曲。

drawBitmapMesh 方法最关键的 3 个参数是 meshWidth、meshHeight 和 verts。

下面介绍应用 drawBitmapMesh 实现图像扭曲的操作步骤，具体如下。

（1）定义相关变量。

```
//将图像分成多少格
private int WIDTH_NUM = 200;
private int HEIGHT_NUM = 200;
//控制点的个数
private int COUNT = (WIDTH_NUM + 1) * (HEIGHT_NUM + 1);
//用于保存原始控制点
private float[] orig = new float[COUNT * 2];
//用于保存变换后控制点
private float[]verts = new float[COUNT * 2];
//保存图像
private Bitmap bmp;
```

（2）给原始控制点和变换后的控制点赋初值。

```
bmp = BitmapFactory.decodeResource(getResources(), R.drawable.flower);
floatbmpWidth = bmp.getWidth();
floatbmpHeight = bmp.getHeight();
for (int i = 0; i < HEIGHT_NUM + 1; i++) {
    float fy = bmpHeight * i/HEIGHT_NUM;
    for (int j = 0; j < WIDTH_NUM + 1; j++) {
        float fx =bmpWidth * j/WIDTH_NUM;
        //X轴坐标 放在偶数位
        verts[index * 2 + 0] = fx;
        orig[index * 2 + 0] =verts[index * 2 + 0];
        //Y轴坐标 放在奇数位
        //向下移动200
        verts[index * 2 + 1] = fy + 200;
        orig[index * 2 + 1] =verts[index * 2 + 1];
        index += 1;
    }
}
```

（3）为变换后的控制点重新赋值。

```
for (int  i = 0; i < HEIGHT_NUM + 1; i + +) {
    for (int  j = 0; j < WIDTH_NUM + 1; j + +){
        verts[(i * (WIDTH_NUM + 1) + j) * 2 + 0] + = 0;
        floatoffsetY = (float) Math.sin((float) j/WIDTH_NUM * 2 * Math.PI + K
        * 2 * Math.PI);
        verts[(i * (WIDTH_NUM + 1) + j) * 2 + 1] = orig[(i * (WIDTH_NUM + 1) +
        j) * 2 + 1] + offsetY * 50;
    }
}
```

（4）使用 drawBitmapMesh( ) 重新绘制。

```
canvas.drawBitmapMesh(bmp, WIDTH_NUM, HEIGHT_NUM, verts, 0, null, 0, null);
```

应用 drawBitmapMesh 实现图像扭曲的执行效果如图 4-3 所示，完整项目参考本书代码 DrawBitmapMesh_Demo。

图 4-3　查看应用 drawBitmapMesh 实现图像扭曲的执行效果

4.2　矢量动画

矢量图形 VectorDrawable 是 Android 5.0 之后新增的图形类。矢量图不同于一般的图形，它是由一系列几何曲线构成的图像，这些曲线以数学上定义的坐标点连接而成。具体到实现

上，则需开发者提供一个 xml 格式的矢量图形定义，然后系统根据矢量定义自动计算该图形的绘制区域。因为绘图结果是动态计算得到，所以不管缩放到多少比例，矢量图形都是清晰的，不会像位图那样拉大后变得模糊。

 4. 2. 1　Android SVG 动画

可缩放矢量图形（Scalable Vector Graphics，SVG）是一个绘图标准，Google 在 Android 5. X 中增加了对 SVG 矢量图形的支持。SVG 使用 XML 格式定义图形，与 Bitmap 对比，SVG 最大的优点就是放大后不会失真。

Android 5. X 中提供了 VectorDrawable 和 AnimatedVectorDrawable 两个新的类来帮助支持 SVG。VectorDrawable 可创建一个基于 XML 的 SVG 图形，AnimatedVectorDrawable 用于实现动画效果，AnimatedVectorDrawable 将 VectorDrawable 与 Animator 连接起来。

下面介绍实现 Android SVG 动画的操作步骤，具体如下。

1. 定义矢量图形

矢量图形的 XML 定义结构可分为三个层次：根标签、组标签、路径标签。下面以一个矢量图形的 XML 文件为例，该文件存放在 res > drawable 文件夹下，文件名为 Line_Vector. xml，代码如下。

```
<? xml version = "1.0" encoding = "utf-8"? >
<vectorxmlns:android = "http://schemas. android.com/apk/res/android"
    android:width = "320dp"
    android:height = "45dp"
    android:viewportWidth = "320"
    android:viewportHeight = "45" >
  <path
    android:name = "Line"
    android:strokeLineCap = "round"
    android:strokeColor = "#f9fc03"
    android:strokeWidth = "3"
    android:pathData = "
    M 200,30
    L 300,40" >
  </path >
</vector >
```

其中，根标签 < vector >：用于定义整个画布；路径标签 < path >：用于绘制具体的图案；属性 pathData：是矢量图 SVG 的描述。

上述 XML 定义的图形，是在（200,30）和（300,40）两点之间绘制一根线段。"M 200,30"指的是把画笔移动到坐标点（200,30）的位置，"L 300,40"指的是从当前位置绘制一根线段到坐标点（300,40）。

pathData 常用绘图命令说明如下。

➢ M：移动绘制点。

➢ L：直线。

> H：水平线。
> V：竖直线。
> C：曲线。
> S：平滑曲线。
> Q：二次贝塞尔曲线。
> T：映射前面路径后的终点。
> A：圆弧。
> Z：闭合。

另一种简便的方法是使用 GIMP 之类的矢量图软件导出图片的 SVG 数据。

2. 定义动画连接文件

建立动画连接文件 Line_animator.xml，该文件存放在 res > drawable 文件夹下，代码如下。

```xml
<? xml version = "1.0" encoding = "utf-8"? >
<animated-vectorxmlns:android = "http://schemas.android.com/apk/res/android"
    android:drawable = "@drawable/Line_Vector" >
    <target
        android:animation = "@animator/line_anim"
        android:name = "Line" > </target >
</animated-vector >
```

其中相关参数介绍如下。

（1） <animated-vector >标签：将 SVG 和动画相结合，产生新的 drawable。

（2） drawable：前面定义 SVG 的 XML 文件。

（3） <targer >标签：对应 SVG 中每一个 <path >定义不同的动画。

（4） name：目标文件的标识，对应 SVG 的 XML 文件 <path >的 name 属性。

（5） animation：动画文件。

3. 建立动画文件

动画文件需要存放在 animator 文件夹中，例如上面使用的 line_anim.xml，代码如下。

```xml
<? xml version = "1.0" encoding = "utf-8"? >
<objectAnimator xmlns:android = "http://schemas.android.com/apk/res/android"
    android:valueType = "floatType"
    android:propertyName = "trimPathStart"
    android:valueFrom = "0"
    android:valueTo = "1"
    android:duration = "1000"
    android:interpolator = "@android:interpolator/linear_out_slow_in" >
</objectAnimator >
```

android：propertyName 为动画属性值，有两个 trimPathEnd（节点所绘制线条显示的百分比，0 ~ 1 代表从开始到结束显示的百分比）和 trimPathStart（显示的也是百分比，不过表示的是不显示的百分比，0 ~ 1 代表从开始隐藏的百分比）；android：interpolator 表示插值动画种类。

4. 在布局中使用 ImageView 控件显示 SVG 动画

```
<! -- 用以显示 SVG 图案和动画-- >
    < ImageView android:id = "@ + id/img"
            android:layout_width = "300dp"
            android:layout_height = "50dp"
            android:layout_gravity = "center"
            android:focusable = "true"
            android:focusableInTouchMode = "true"/>
```

5. 在代码文件中启动 SVG 动画

```
privateImageView img;
private AnimatedVectorDrawable anim;
img = ((ImageView) findViewById(R.id.img)); //获取界面控件
anim = (AnimatedVectorDrawable)getResources().getDrawable(R.drawable.Line_an-
imator); //获取动画
img.setImageDrawable(anim); //设置
anim.start(); //启动
```

　　Android 的 SVG 动画有直线、圆、矩形、椭圆、多边形等，可以实现 SVG 的解析和解析后的绘制两部分操作。虽然这些工作比较繁琐，但幸运的是，Github 上开源库（https://github.com/geftimov/android-pathview）帮助完成了这个工作。

　　下面介绍使用 android-pathview 库制作 SVG 动画的操作步骤，具体如下。

　　（1）首先在 Android Studio 环境 Android 项目中的 app/build.gradle 文件的 dependencies 增加库的引用。

```
dependencies {
…
implementation 'com.eftimoff:android-pathview:1.0.6@aar'
}
```

　　（2）然后将控件显示在布局文件中，代码如下。

```
<? xml version = "1.0" encoding = "utf-8"? >
<LinearLayout xmlns:android = http://schemas.android.com/apk/res/android
    xmlns:app = http://schemas.android.com/apk/res-auto
    android:layout_width = "match_parent"
    android:layout_height = "match_parent" >
    < com.eftimoff.androipathview.PathView
            android:id = "@ + id/pathView"
            android:layout_width = "300dp"
            android:layout_height = "300dp"
            app:pathColor = "#ffff00"
            app:svg = "@raw/ironman"/>
</LinearLayout >
```

　　其中 app 为 svg 指定了一个 SVG 文件，这个文件放在 raw 目录下面。

　　（3）代码实现，在布局对应的 Activity 文件添加代码，代码如下。

```
PathView mPathView = (PathView) findViewById(R.id.pathView);
```

```
mPathView.getPathAnimator()
    .delay(100)
    .duration(3000)
    .interpolator(new AccelerateDecelerateInterpolator())
    .listenerStart(new PathView.AnimatorBuilder.ListenerStart() {
        @Override
        public voidonAnimationStart() {

        }
    })
    .listenerEnd(new PathView.AnimatorBuilder.ListenerEnd() {
        @Override
        public voidonAnimationEnd() {

        }
    }).start();
mPathView.useNaturalColors();
mPathView.setFillAfter(true);
mPathView.setPercentage(0.8f);
```

应用 android-pathview 实现 SVG 动画的执行效果如图 4-4 所示，完整项目参考本书代码
PathView_Demo。

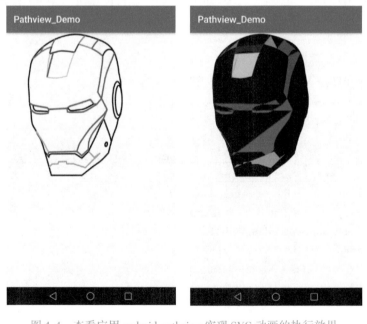

图 4-4　查看应用 android-pathview 实现 SVG 动画的执行效果

 **4.2.2　插值动画**

在生活当中，大部分运动不是匀速的，是一种非线性的运动，使用 Android 的插值动画

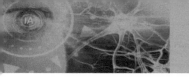

控制动画变化的速率，可以使动画实现匀速、加速、减速、抛物线速率等各种非线性运动，给用户看到的动画效果更真实、自然。

Android 的插值基类为 Interpolator，类库的位置为 android. view. animation，主要控制改变动画变化率，常用的插值类如下。

➢ AccelerateDecelerateInterpolator：在动画开始时变慢，中间加速，在结束时变慢。

➢ AccelerateInterpolator：在动画开始时变慢，然后开始加速。

➢ AnticipateInterpolator：在动画开始的时候向后甩出，然后向前甩出。

➢ AnticipateOvershootInterpolator：在动画开始的时候向后甩出，然后向前甩出一设定值后，返回最后的值。

➢ BounceInterpolator：弹跳插值器，在动画结束的时候弹起。

➢ CycleInterpolator：让动画按设定的次数循环播放，速率改变沿着正弦曲线。

➢ DecelerateInterpolator：动画开始时快，然后变慢。

➢ LinearInterpolator ：以线性速率改变。

➢ OvershootInterpolator：向前甩出一定值后，再回到原来位置。

如果上面的插值器不能满足要求，用户也可以自定义插值器。

Android 插值器的使用方法有两种：（1）可使用在定义动画的 XML 文件中；（2）在代码中使用。

例如，在 XML 中使用方法如下。

```
<? xml version = "1. 0" encoding = "utf-8"? >
<setxmlns:android = http://schemas. android.com/apk/res/android
    android:interpolator = "@android:anim/accelerate_interpolator" >
<rotate
    android:fromDegrees = "0"
    android:toDegrees = " +360"
    android:pivotX = "60%"
    android:pivotY = "60%"
    android:duration = "3000"
    android:interpolator = "@android:anim/accelerate_interpolator"/ >
</set >
```

Android 的 <set> 标签代表一系列的帧动画，用户可以在里面添加动画效果，例如，放大、缩小、旋转、透明等。

也可以使用在代码中，例如：

```
AnimationmAnim = AnimationUtils. loadAnimation(this, R. anim. xxx); //引用动画文件;
mAnim. setInterpolator(new AccelerateDecelerateInterpolator());  //设置插值类型;
mAnimation. start(); //动画开始。
```

4.3　Drawable 动画

帧动画是 Android 动画中比较常用的一种，是按照设定的时间一张一张轮流显示图片的动画。

4.3.1　Drawable 类

Android SDK 提供了一个功能强大的 Drawable 类，Drawable 是一个抽象的可绘制类，提供了一个可绘制的区域以及一个绘制成员函数 Draw()。Drawable 类还提供了许多派生类来完成一些常见的绘制需求，例如单色、图形、位图、裁剪、动画等。类库的位置为 android. graphics，Drawable 类提供的派生类如图 4-5 所示。

```
∨  graphics
    ∨  drawable
        >  shapes
           AdaptiveIconDrawable
           Animatable
           Animatable2
           AnimatedStateListDrawable
           AnimatedVectorDrawable
           AnimationDrawable
           BitmapDrawable
           ClipDrawable
           ColorDrawable
           Drawable
           DrawableContainer
           DrawableWrapper
           GradientDrawable
           Icon
           InsetDrawable
           LayerDrawable
           LevelListDrawable
           NinePatchDrawable
           PaintDrawable
           PictureDrawable
           RippleDrawable
           RotateDrawable
           ScaleDrawable
           ShapeDrawable
           StateListDrawable
           TransitionDrawable
           VectorDrawable
```

图 4-5　Drawable 类及派生类

例如，在 Android 中使用 BitmapDrawable 的代码如下。

```
Bitmap bmp = ((BitmapDrawable) getResources().getDrawable(R. drawable. flower))
. getBitmap();
Drawable drawable = new BitmapDrawable(getResources(),bmp);
drawable. setBounds(x, y, x + width, y + height);
Canvas canvas = new Canvas(bmp);
drawable. draw(canvas);
```

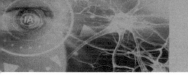

 4.3.2　Drawable 实现 Frame 动画效果

Frame 动画是一系列图片按照一定顺序展示的过程，和播放电影的机制相似，称为逐帧动画。Frame 动画可以被定义在 XML 文件中，也可以完全编码实现。

Frame 动画如果被定义在 XML 文件中，可以放置在 res 下的 anim 或 drawable 目录中（res/[anim | drawable]/filename. xml），文件名可以作为资源 ID 在代码中引用；如果完全由编码实现，需要使用 AnimationDrawable 对象。

下面介绍应用 Drawable 实现 Frame 动画效果的操作步骤，具体如下。

（1）在 Android Studio 项目的 res/drawable 目录下建立一个 XML 文件，根标签为 < animation-list >。

```
<? xml version = "1.0" encoding = "utf-8"? >
<animation-listxmlns:android = "http://schemas. android.com/apk/res/android"
    android:oneshot = "false" >
        <item android:drawable = "@drawable/f1" android:duration = "300"/>
        <item android:drawable = "@drawable/f2" android:duration = "300"/>
        <item android:drawable = "@drawable/f3" android:duration = "300"/>
        <item android:drawable = "@drawable/f4" android:duration = "300"/>
</animation-list >
```

其中 f1. png、f2. png、f3. png、f4. png 为 4 张图片，放于 drawable 目录。

（2）布局文件放置 ImageView 控件显示动画，使用 Button 控件控制动画，代码如下。

```
<LinearLayout
  xmlns:android = "http://schemas. android.com/apk/res/android"
  android:orientation = "vertical"
android:layout_width = "fill_parent"
android:layout_height = "fill_parent" >
  <ImageView
    android:id = "@ +id/frame_image"
    android:layout_width = "fill_parent"
    android:layout_height = "fill_parent"
    android:layout_weight = "1"/>
<Button
    android:layout_width = "fill_parent"
    android:layout_height = "wrap_content"
    android:text = "start"
    android:layout_weight = "1"/>
</LinearLayout >
```

（3）代码实现，在布局对应的 Activity 文件添加代码，代码如下。

```
private ImageView image;
privateAnimationDrawable animationDrawable;
image = (ImageView) findViewById(R. id. frame_image);
image. setImageResource(R. drawable. chuanghu)
```

```
animationDrawable = (AnimationDrawable) image.getDrawable();
animationDrawable.setOneShot(false);
animationDrawable.start();
//animationDrawable.stop();
```

图 4-6 为通过 Drawable 实现 Frame 动画的电扇转动效果，完整项目参考本书代码 Drawable_Frame。

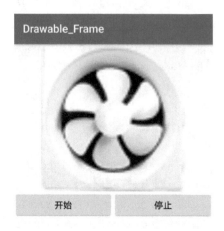

图 4-6　应用 Drawable 实现电扇转动 Frame 动画效果

 4.3.3　Drawable 的高效用法

在 Android 开发中，Drawable 经常会用到，且使用简单。Drawable 类提供了许多派生类来完成一些常见的绘制需求，Drawable 除了实现图片动画之外，还可以实现一些其他效果，例如使用 Shape、Layer-list 标签绘制背景或使用 Selector 标签定义 View 的状态效果等。

用户也可以根据需要实现自定义 Drawable，既构造一个类继承 Drawable，以实现自定义 View 的一些效果。

下面介绍如何自定义一个继承 Drawable 实现椭圆形的类，代码如下。

```
public classOvalImageDrawable extends Drawable
{
    private PaintmPaint;
    private Bitmapmbitmap;
    privateRectF rectF;
    publicOvalImageDrawable(Bitmap bitmap)
    {
        mbitmap = bitmap;
        BitmapShader bShader = new BitmapShader(bitmap, TileMode.CLAMP, TileMode.CLAMP);
        mPaint = new Paint();
        mPaint.setAntiAlias(true);
        mPaint.setShader(bShader);
    }
    @Override
```

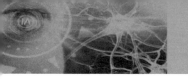

```
    public voidsetBounds(int left, int top, int right, int bottom)
    {
        super.setBounds(left, top, right, bottom);
        rectF = new RectF(left, top, right, bottom);
    }
    @Override
    public void draw(Canvas canvas)
    {
        canvas.drawOval(rectF, mPaint);
    }
    @Override
    public intgetIntrinsicWidth()
    {
        returnmbitmap.getWidth();
    }
    @Override
    public intgetIntrinsicHeight()
    {
        return mbitmap.getHeight();
    }
    @Override
    public voidsetAlpha(int alpha)
    {
        mPaint.setAlpha(alpha);
    }
    @Override
    public voidsetColorFilter(ColorFilter cf)
    {
        mPaint.setColorFilter(cf);
    }
    @Override
    public intgetOpacity()
    {
        returnPixelFormat.TRANSLUCENT;
    }
}
```

在 Activity 文件的调用实现如下。

```
Bitmap bitmap =BitmapFactory.decodeResource(getResources(), R.drawable.img4);
ImageView iv = (ImageView) findViewById(R.id.imageView);
iv.setImageDrawable(new OvalImageDrawable(bitmap));
```

图 4-7 为自定义 Drawable 实现椭圆的效果，完整项目参考本书代码 Drawable_High。

图 4-7　自定义 Drawable 实现椭圆的效果

4.4　Tween 补间动画

渐变动画（Tween Animation）通过对特定的对象做图像变换，如平移、缩放、旋转、淡出或淡入等来产生动画效果。

Tween Animation 动画通过对 View 内容完成一系列的图形变换，如平移、缩放、旋转或改变透明度来实现动画效果。在 XML 文件中，Tween 动画主要包括以下四种动画效果。

➢ Alpha：渐变透明度动画效果。

➢ Scale：渐变尺寸伸缩动画效果。

➢ Translate：移动动画效果。

➢ Rotate：旋转动画效果。

在 Java 代码中，Tween 动画对应以下四种动画效果。

➢ AlphaAnimation：渐变透明度动画效果。

➢ ScaleAnimation：渐变尺寸伸缩动画效果。

➢ TranslateAnimation：移动动画效果。

➢ RotateAnimation：旋转动画效果。

Tween 动画是通过预先定义的一组指令，指定图片变换的类型、触发时间以及持续时间，然后程序沿着时间线执行这些指令来实现动画效果。

例如，下面是一个实现旋转动画的 XML 文件，是在 Android Studio 项目的 res/anim 目录下建立的。

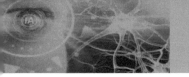

```
<? xml version = "1.0" encoding = "utf-8"? >
< rotate xmlns:android = "http://schemas.android.com/apk/res/android"
        android:fromDegrees = "0"
        android:toDegrees = "360"
        android:duration = "2000" >
</rotate >
```

在 Activity 的代码调用如下。

```
ImageView iv = (ImageView) findViewById(R.id.imageView);//获取布局图片控件
Animation    animation    =    AnimationUtils.loadAnimation    ( MainActivity.this,
R.anim.rotate);//载入动画 XML
    ivl.startAnimation(animation);//动画开始
```

4.5　属性动画

补间动画（Tween Animation）能实现简单的 Alpha、Scale、Rotate 和 Translate 等动画效果。补间动画改变的仅仅是界面元素绘制的位置，而没有改变元素本身，如果既要有动画效果又要使得界面元素本身得到真改变，那就需要使用属性动画，来灵活地实现多种效果。

Android 属性动画的相关类见表 4-1。

表 4-1　属性动画的相关类

类　　名	描　　述
AnimatorSet	提供组织动画的结构，用于控制一组动画的关联和执行，使得动画叠加变得容易
ValueAnimator	一个数值发生器，可以产生想要的各种数值
ObjectAnimator	通过设置改变对象的属性来实现动画效果
AnimatorInflater	是属性动画的一种加载方式，使用 XML 来写动画，然后加载到代码中
Interpolators	动画插值器，控制动画的变化率

 ### 4.5.1　Animator

Animation 是视图动画，而 Animator 是属性动画，它们的区别如下。

（1）视图动画能做的属性动画都可以做，而且可以做得更好。

（2）属性动画能做的，视图动画就实现不了。例如，属性动画对 Button 做移动动画时，事件的点击区域会随着移动不断发生改变的。而在视图动画中，Button 的点击事件的有效点击区域并不会随着 Button 的移动而发生改变。

（3）Property Animator 性能高于 View Animation。

 ### 4.5.2　ObjectAnimator

使用 ObjectAnimator 可以实现平移、缩放、旋转、透明度等动画效果，ObjectAnimator 派生自 ValueAnimator，所以 ValueAnimator 能用的方法，ObjectAnimator 都能用。

ObjectAnimator 的主要方法有 ofInt()、ofFloat() 等，ofFloat() 方法函数的原型如下。

```
public static ObjectAnimator ofFloat ( Object target, String propertyName,
```

```
float...values)
```

参数说明：target 用于指定该动画要操作的界面元素；propertyName 用于指定该动画要操作的界面元素的属性；values 为可变长参数，与 ValueAnimator 中可变长参数的意义相同，指这个属性值是从哪变到哪。

ofInt() 的原型与 ofFloat() 相同，唯一区别就是传入的数字类型不一样，ofInt() 需要传入 Int 类型的参数，而 ofFloat() 则表示需要传入 Float 类型的参数。

例如，ObjectAnimator 实现界面元素旋转的代码如下。

```
Imag1 = (ImageView) findViewById(R. id. Imageview);
ObjectAnimator animator = ObjectAnimator. ofFloat(Imag1, "rotationX", 0, 270, 0);
objectAnimator. setDuration(2000);
objectAnimator. setRepeatCount(Animation. INFINITE);
objectAnimator. setRepeatMode(Animation. RESTART);
objectAnimator. start();
```

参数 propertyName 的常用取值如下。（1）旋转：rotation、rotationX、rotationY。（2）平移：translationX、translationY。（3）缩放：scaleX、scaleY。（4）透明度：alpha。

ObjectAnimator 的 propertyName 也可以自定义，用户可以使用 ofObject() 方法实现此功能，即根据一定的规则对目标对象的某个具体属性进行改变，从而使目标对象实现与该属性相关的动画效果，原型如下：

```
public static ObjectAnimator ofObject (Object target, String propertyName,
TypeEvaluator evaluator, Object...values)
```

参数说明：（1）target：动画的实施对象；（2）propertyName：动画的属性；（3）evaluator：插值器，在实现 evaluate 方法中给出属性改变的具体实现过程，以达到预期动画效果，反映了属性变化的具体过程；（4）values：属性集合，即开始点、中途变化点、结束点的具体值，是在 evaluate 方法中计算属性值变化的依据数据。

例如，使用 ofObject() 方法自定义属性 textColor 的颜色动画代码如下。

```
ObjectAnimator objectAnimator = ObjectAnimator. ofObject(txt, "textColor", new
TypeEvaluator() {}, startColor, endColor);
objectAnimator. setDuration(2000);
objectAnimator. start();
```

4.5.3　AnimatorSet

AnimatorSet（组合动画）继承自 Animator。AnimatorSet 表示的是动画的集合，可以通过 AnimatorSet 把多个动画集合在一起，让其串行或并行执行，从而创造出复杂的动画效果。

AnimatorSet 可以将一个动画集合按特定的顺序播放。这些动画不仅可以设置成同时播放（并行）或顺序播放（串行），也可以延时播放。AnimatorSet 的方法 playTogether() 和 playSequentially() 可以一次性地添加并播放动画；AnimatorSet 的方法 play（Animator）使用 Builder 类逐个添加并播放动画。

playSequentially() 有两种播放形式，具体如下。

（1）playSequentially(List items)：为一组动画添加一个列表，顺序播放。

（2）playSequentially(Animator… items)：顺序播放一组动画。

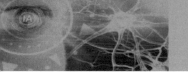
playTogether() 有两种播放形式，具体如下。

➢ playTogether(Collection items)：将一组动画添加到一个集合，同时播放。

➢ playTogether(Animator… items)：一组动画同时播放。

AnimatorSet. Builder 是一个动画工具类，用于向 AnimatorSet 添加动画及播放次序，AnimatorSet. Builder有四个方法，具体如下。

➢ After （delay)：设置动画延迟播放的时间。

➢ After （animtor)：设置播放动画 Animtor 之后播放动画。

➢ Bcfore （animtor)：设置播放动画 Animtor 之前播放动画。

➢ With （animtor)：设置动画与 Animtor 同时播放。

例如，新建一个 AnimatorSet 对象，播放 4 个动画，动画 a1 和 a2 同时播放，动画 a3 在动画 a2 结束后播放，动画 a4 则在动画 a3 结束后播放，具体代码如下。

```
AnimatorSet s = new AnimatorSet();
s.play(a1).with(a2);
s.play(a2).before(a3);
s.play(a4).after(a3);
s.start();
```

在下面的例子中，将分别建立 4 个 ObjectAnimator 属性动画，AnimatorSet 分别实现 4 个动画同时播放和顺序播放，代码如下。

```
ImageView img;
Button bt1,bt2;
img = (ImageView)findViewById(R.id.imageView);
bt1 = (Button)findViewById(R.id.button);
bt1.setOnClickListener(new View.OnClickListener()
{
    @Override
    public voidonClick(View view) {
        ObjectAnimator animator1 = ObjectAnimator.ofFloat(img,  "scaleX", 1f, 0, 1f);
        ObjectAnimator animator2 = ObjectAnimator.ofFloat(img,  "scaleY", 1f, 0, 1f);
        ObjectAnimator animator3 = ObjectAnimator.ofFloat(img, "rotationX", 0f, 360f);
        ObjectAnimator animator4 = ObjectAnimator.ofFloat(img, "rotationY", 0f, 360f);
        AnimatorSet set = new AnimatorSet();
        set.play(animator3).before(animator2).after(animator1).with(animator4);
        set.setDuration(3000);
        set.start();
    }
});
bt2 = (Button)findViewById(R.id.button2);
bt2.setOnClickListener(new View.OnClickListener()
{
    @Override
    public voidonClick(View view) {
```

```
ObjectAnimator animator1 = ObjectAnimator.ofFloat(img,  "scaleX", 1f, 0, 1f);
ObjectAnimator animator2 = ObjectAnimator.ofFloat(img,  "scaleY", 1f, 0, 1f);
ObjectAnimator animator3 = ObjectAnimator.ofFloat(img, "rotationX", 0f, 360f);
ObjectAnimator animator4 = ObjectAnimator.ofFloat(img, "rotationY", 0f, 360f);
AnimatorSet set = new AnimatorSet();
set.setDuration(3000);
set.playTogether(animator1, animator2, animator3,animator4);
set.start();
        }
});
```

执行结果如图4-8所示，完整项目参考本书代码 Property_Animator。

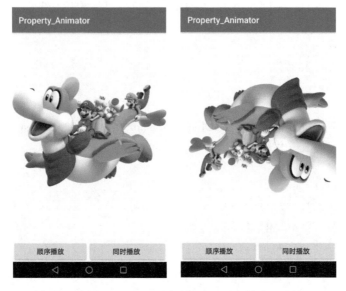

图 4-8　应用 AnimatorSet 同时播放和顺序播放 4 个动画

4.6　控件动画

学习完属性动画的相关应用后，本节将对控件动画的应用进行介绍，具体如下。

 ### 4.6.1　图片滑动切换

在 Android 应用程序中，经常使用图片滑动切换效果。在 Android 中实现图片滑动一般有 3 种控件可实现，分别为 ViewPager、ViewFlipper 和 ViewFlow。

1. ViewPager

ViewPager 是 Android 开发的一款比较常用的控件，能够实现从左到右或者从右到左翻页效果，在 APP 的很多场景中都能用到，比如安装 APP 时的用户引导页、图片滑动、广告页等。下面介绍如何使用 ViewPager 实现图片左右滑动的效果。

ViewPager 实现图片滑动时，不仅需要实现 PagerAdapter 作为 ViewPager 的适配器，负责

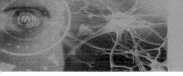

ViewPager 视图对象的移出和选择，还需要实现 ViewPager. OnPageChangeListener 的监听器接口，当 ViewPager 视图发生变化时在此处理，如图 4-9 所示。ViewPager 总布局和子布局如图 4-10 所示。

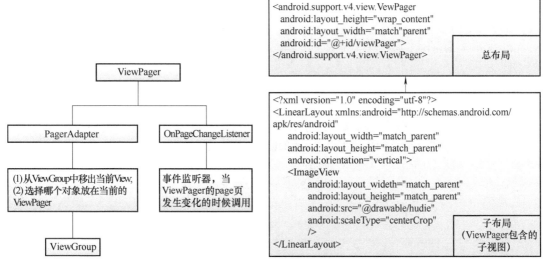

图 4-9　ViewPager 实现图片滑动类关系图　　　　图 4-10　总布局和子布局

ViewPager 的适配器 PagerAdapter 的实现代码如下。

```
adapter = newPagerAdapter() {
    //获取当前子视图个数
    @Override
    public intgetCount() {
        returnviewPages. size();
    }
    //判断是否由对象生成子视图
    @Override
    public booleanisViewFromObject(View view, Object object) {
        return view = = object;
    }
    //移去子视图
    @Override
    public voiddestroyItem(ViewGroup container, int position, Object object) {
        container. removeView(viewPages. get(position));
    }
    //返回一个对象,PagerAdapter 适配器选择哪个对象放在当前的 ViewPager 中
    @Override
    public ObjectinstantiateItem(ViewGroup container, int position) {
        View view =viewPages. get(position);
        container. addView(view);
        return view;
```

```
        }
    };
```

监听器接口 ViewPager. OnPageChangeListener 的实现代码如下。

```
public class GuidePageChangeListener implementsViewPager. OnPageChangeListener {
    @Override
     public voidonPageScrolled (int position, float positionOffset, int posi-
tionOffsetPixels) {
    }
    //页面滑动切换完成后执行
    @Override
    public voidonPageSelected(int position) {
        //判断当前子视图,就把对应下标的原点设置为选中状态
        for (int i = 0; i <imageViews. length; i + +) {
         imageViews[position]. setBackgroundResource(R. drawable. page_indicator_focused);
            if (position ! = i){
                imageViews [i]. setBackgroundResource (R. drawable. page_indicator_unfocused);
            }
        }
    }
    //页面状态:0—静止、1—滑动、2—滑动完成
    @Override
    public void onPageScrollStateChanged(int state) {
    }
}
```

完整项目参考本书代码 ViewPager_Demo，ViewPager 的图片滑动效果如图 4-11 所示。

图 4-11　ViewPager 的图片滑动效果

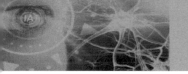

2. ViewFlipper

ViewFlipper 是 Android 自带的一个多页面管理控件，具有自动播放的功能。与 ViewPager 相比，ViewPager 是页管理，而 ViewFlipper 则是层管理。ViewFlipper 常用来实现 APP 的引导页，或者用于图片轮播，下面介绍如何使用 ViewFliper 实现图片左右滑动的效果。

ViewFlipper 是一个容器，可以加载多张图片，有两种加载方法。

（1）静态加载

在布局文件加载，布局文件布置 ViewFlipper 控件，在 ViewFlipper 控件内布置多个显示图片的 ImageView 控件，代码如下。

```xml
<? xml version = "1.0" encoding = "utf-8"? >
<RelativeLayout xmlns:android = http://schemas. android.com/apk/res/android
    xmlns:app = http://schemas. android.com/apk/res-auto
    android:layout_width = "match_parent"
    android:layout_height = "match_parent" >
    <ViewFlipper
        android:id = "@ +id/flipper"
        android:layout_width = "match_parent"
        android:layout_height = "wrap_content"
        android:layout_marginTop = "5dp"
        android:flipInterval = "2000" >
        <ImageView
            android:id = "@ +id/imageView1"
            android:layout_width = "wrap_content"
            android:layout_height = "wrap_content"
            app:srcCompat = "@ drawable/img4"/>
        <ImageView
            android:id = "@ +id/imageView2"
            android:layout_width = "wrap_content"
            android:layout_height = "wrap_content"
            app:srcCompat = "@ drawable/hudie"/>
        <ImageView
            android:id = "@ +id/imageView3"
            android:layout_width = "wrap_content"
            android:layout_height = "wrap_content"
            app:srcCompat = "@ drawable/image1"/>
        <ImageView
            android:id = "@ +id/imageView4"
            android:layout_width = "wrap_content"
            android:layout_height = "wrap_content"
            app:srcCompat = "@ drawable/img"/>
    </ViewFlipper>
</RelativeLayout >
```

其中 flipInterval 属性用于设置自动显示下一个视图的间隔。

（2）动态加载

动态加载就是 ViewFlipper 在代码中加载图片，这样对图片的添加和删除都比较方便，代码如下。

```
privateViewFlipper vFlipper;
vFlipper = (ViewFlipper) this. findViewById(R. id. ViewFlipper1);
vFlipper. addView(addImageView(R. drawable. hudie));
vFlipper. addView(addImageView(R. drawable. img));
vFlipper. addView(addImageView(R. drawable. img4));
private ViewaddImageView(int id) {
    ImageView iv = new ImageView(this);
    iv. setImageResource(id);
    return iv;
}
```

ViewFlipper 在图片加载完成以后，就可以实现图片的滑动动画，动画实现有两种。

（1）自动滑动

自动滑动的代码如下。

```
vFlipper = (ViewFlipper) findViewById(R. id. flipper);
vFlipper. setFlipInterval(2000); //注意,如果在布局文件没设置,就在此设置
vFlipper. startFlipping();   //开始切换
```

直接调用 ViewFlipper 的 startFlipping()函数,开始滑动。

（2）手动滑动

手动滑动需要识别触摸手势，Android 提供的 GestureDetector 类可以识别一些基本的触摸手势，可以很方便地实现手势控制功能。此外，用户还可以通过 ScaleGestureDetector 识别缩放手势。

手动滑动需要在 Activity 代码中实现 GestureDetector. OnGestureListener 接口，代码如下。

```
public classMainActivity extends AppCompatActivity implements GestureDetector. OnGestureListener{
    privateViewFlipper vFlipper;
    Button bt1,bt2;
    private GestureDetector detector;
    @ Override
    protected void onCreate(BundlesavedInstanceState) {
        super. onCreate(savedInstanceState);
        setContentView(R. layout. activity_main);
        detector = newGestureDetector(this);
        vFlipper = (ViewFlipper) findViewById(R. id. flipper);
        vFlipper. addView(addImageView(R. drawable. hudie));
        vFlipper. addView(addImageView(R. drawable. img));
        vFlipper. addView(addImageView(R. drawable. img4));
        vFlipper. addView(addImageView(R. drawable. hudie));
        bt1 = (Button)findViewById(R. id. button);
        bt1. setOnClickListener(new View. OnClickListener()
```

```
    {
            @Override
            public voidonClick(View view) {
                vFlipper.setFlipInterval(2000);   //注意,设置时间间隔
                vFlipper.startFlipping(); //开始切换
            }
        });
        bt2 = (Button)findViewById(R.id.button2);
        bt2.setOnClickListener(new View.OnClickListener()
        {
            @Override
            public voidonClick(View view) {
                vFlipper.stopFlipping(); //停止切换,手动滑动切换
            }
        });
    }
    private ViewaddImageView(int id) {
        ImageView iv = new ImageView(this);
        iv.setImageResource(id);
        return iv;
    }
    @Override
    public booleanonTouchEvent(MotionEvent event) {
        // TODO Auto-generated method stub
        return this.detector.onTouchEvent(event);
    }
     @Override
    public booleanonFling(MotionEvent e1, MotionEvent e2, float velocityX, float
velocityY) {
        if (e1.getX() - e2.getX() > 140) {
         this.vFlipper.setInAnimation(AnimationUtils.loadAnimation(this, R.anim.push_
left_in));
          this.vFlipper.setOutAnimation(AnimationUtils.loadAnimation(this, R.anim.push_
left_out));
           this.vFlipper.showNext();
           return true;
        } else if (e1.getX() - e2.getX() < -140) {
            this.vFlipper.setInAnimation (AnimationUtils.loadAnimation (this,
R.anim.push_right_in));
            this.vFlipper.setOutAnimation (AnimationUtils.loadAnimation (this,
R.anim.push_right_out));
           this.vFlipper.showPrevious();
        return true;
```

```
    }
        return false;
    }
}
```

其中 onFling（MotionEvent e1，MotionEvent e2，float velocityX，float velocityY）是 Gesture-Detector. OnGestureListener 用户执行抛操作之后的回调。onTouchEvent（）是 Activity 的方法，直接重写这个方法中拦截触摸事件交给手势识别器处理。

手动滑动切换还用到四个动画文件，分别为 push_left_in. xml、push_left_out. xml、push_right_in. xml 和 push_right_out. xml，位于 res/anim 目录，其中 push_left_out. xml 的代码如下。

```
<? xml version = "1.0" encoding = "utf-8"? >
<setxmlns:android = "http://schemas. android.com/apk/res/android" >
    <translate android:fromXDelta = "0" android:toXDelta = "-100% p"
        android:duration = "500"/>
    <alpha android:fromAlpha = "1.0" android:toAlpha = "0.1"
        android:duration = "500"/>
</set >
```

android:fromXDelta 动画开始的位置，android:toXDelta 动画结束的位置，android:duration 动画的时间

ViewFlipper 图片滑动切换效果如图 4-12 所示，完整项目参考本书代码 ViewFlipper_Demo。

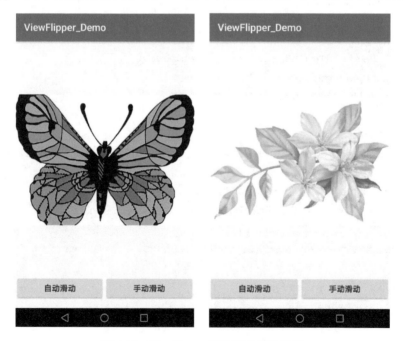

图 4-12　ViewFlipper 图片滑动切换效果

3. ViewFlow

ViewFlow 是一个开源的 Android UI 库，使用 ViewFlow 可以产生视图切换的滑动效果，是 Github 上的一个开源项目，项目地址为 https://github.com/pakerfeldt/android-viewflow，它

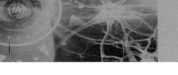

提供了 5 个组件，分别为 ViewFlow、FlowIndicator、TitleFlowIndicator、TitleProvider 和 Circle-FlowIndicator，如图 4-13 所示。在使用时将这 5 个文件复制到项目 Java 文件目录中即可。

android-viewflow-master.zip › android-viewflow-master › viewflow › src › org › taptwo › android › widget

名称	类型	压缩大小	密码保护	大小	比率
CircleFlowIndicator.java	Java Source File	4 KB	否	12 KB	71%
FlowIndicator.java	Java Source File	1 KB	否	2 KB	51%
TitleFlowIndicator.java	Java Source File	4 KB	否	15 KB	74%
TitleProvider.java	Java Source File	1 KB	否	1 KB	43%
ViewFlow.java	Java Source File	6 KB	否	24 KB	76%

图 4-13　ViewFlow 开源项目的代码文件

在 Android 项目的 Activity 中使用 ViewFlow 的代码如下。

```
privateViewFlow viewFlow;
viewFlow = (ViewFlow) findViewById(R.id.viewflow);
//设置适配器
viewFlow.setAdapter(new ImageAdapter(this), 2); //初始位置2
CircleFlowIndicator indic = (CircleFlowIndicator) findViewById(R.id.viewflowindic);
viewFlow.setFlowIndicator(indic);
```

其中，适配器的定义如下。

```
public classImageAdapter extends BaseAdapter {
    private LayoutInflater mInflater;
    //图片资源数组
     private  static  final  int [] ids  = { R.drawable.img4,  R.drawable.img,
R.drawable.hudie, R.drawable.image1};
    public ImageAdapter(Context context) {
         this.mInflater = (LayoutInflater) context.getSystemService(Context.
LAYOUT_INFLATER_SERVICE);
    }
    @Override
    public intgetCount() {
        // TODO Auto-generated method stub
        return ids == null ? 0 :ids.length;
    }
    @Override
    public ObjectgetItem(int position) {
        // TODO Auto-generated method stub
        return position;
    }
    @Override
    public longgetItemId(int position) {
        // TODO Auto-generated method stub
        return position;
```

```
        }
        @Override
        public ViewgetView(int position, View convertView, ViewGroup parent) {
            if (convertView = = null) {
                convertView = mInflater. inflate(R. layout. flow_item, null);
            }
            ((ImageView) convertView. findViewById (R. id. imgView)). setImageResource
(ids[position]);
            returnconvertView;
        }
    }
```

　　ViewFlow 实现图片滑动切换的效果如图 4-14 所示，完整项目参考本书代码 ViewFlow_
Demo。

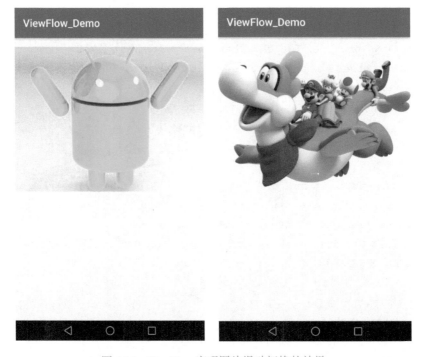

图 4-14　ViewFlow 实现图片滑动切换的效果

4.6.2　图片手势放大缩小

　　下面介绍应用 ImageView 和 PhotoView 实现图片手势放大缩小的动画效果。

1. ImageView

　　当用户与界面某一元素交互时，界面元素会随着手势放大或缩小，图片是常用的界面
元素。

　　在 Android 中，ImageView 控件可以对图片进行放大、缩小或旋转等操作。ImageView 直
接继承自 View 类，它不仅可以显示图片，也可显示任何 Drawable 对象，甚至可以应用于任

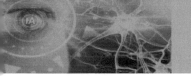
何布局。

ImageView 的图像放大或缩小的属性是 ScaleType，对于 Android：scaleType 属性，主要有如下属性值。

➢ matrix：使用 matrix 方式进行缩放。

➢ fitXY：横向、纵向独立缩放。

➢ fitStart：保持纵横比缩放图片，图片位于 ImageView 的左上角。

➢ fitCenter：保持纵横比缩放图片，图片位于 ImageView 的中央。

➢ fitEnd：保持纵横比缩放图片，图片位于 ImageView 的右下角。

➢ center：图片放在 ImageView 的中央，不缩放。

➢ centerCrop：保持纵横比缩放图片，图片完全覆盖 ImageView。

➢ centerInside：保持纵横比缩放图片，ImageView 能完全显示该图片。

Android 中的 GestureDetector 用于识别一些特定的触摸手势。ScaleGestureDetector 用法与 GestureDetector 类似，另外还可以识别缩放手势。使用 ScaleGestureDetector 可以执行监听手势点击、长按、双击、滚动等操作。例如，对于一张图片，可以实现点击返回、长按保存、两个手指缩紧缩小图片、两个手指张开放大图片等。下面以实现两个手指缩紧缩小图片和两个手指张开放大图片为例进行说明。

本案例使用 Android 的 3 个类，分别为 ImageView、ScaleGestureDetector 和 Matrix。首先通过 ScaleGestureDetector 的方法 getScaleFactor() 获取手势状态，然后设置 Matrix，再通过 ImageView 的 setImageMatrix（Matrix matrix）方法使 ImageView 放大或缩小，如图 4-15 所示。

图 4-15　ImageView 手势放大与缩小的结构图

OnScaleGestureListener 为 ScaleGestureDetector 中的回调接口，主要有以下三个接口。

（1）onScale()：缩放时调用，用于缩放事件的处理。例如下面的代码的作用是，使用 Detector 的 getScaleFactor() 方法返回缩放因子，根据缩放因子设置 Matrix，然后设置图像的放大缩小。

```
@Override
public booleanonScale(ScaleGestureDetector detector)
{
    float scaleFactor = detector.getScaleFactor();
    ...
    mScaleMatrix.postScale(scaleFactor, scaleFactor, getWidth()/2, getHeight
()/2); //第一个参数是 X 轴的缩放大小,第二个参数是 Y 轴的缩放大小,第三四个参数是缩放中心点
    setImageMatrix(mScaleMatrix);
}
```

（2）onScaleBegin()：缩放开始调用，若返回 false，不执行 onScale()。

（3）onScaleEnd()：缩放结束时调用。

实现效果如图 4-16 所示，完整项目参考本书代码 Image_Scale。

图 4-16　查看 ImageView 手势放大与缩小的实现效果

2. PhotoView

PhotoView 是 ImageView 的扩展，支持通过单点/多点触摸来进行图片缩放的智能控件，功能实用且强大。PhotoView 的 Github 下载地址为 https://github.com/chrisbanes/PhotoView。PhotoView 的功能有：浏览查看图片、双指缩放、单点触摸缩放和设置图片缩放模式等。

应用 PhotoView 实现手势图片放大与缩小的步骤如下。

（1）首先添加 PhotoView 库，在 Android Studio 项目的 App 的 build.gradle 文件的 dependencies 闭包添加引用。

```
dependencies {
implementationfileTree(dir: 'libs', include: ['*.jar'])
implementation 'com.android.support:appcompat-v7:26.1.0'
implementation 'com.github.chrisbanes.photoview:library:1.2.4'
}
```

在主界面顶部会出现同步提示，单击 Sync Now 按钮，同步结束，PhotoView 库就成功引入到当前项目中了，如图 4-17 所示。

图 4-17　PhotoView 库

（2）在布局文件中使用 PhotoView 控件，代码如下。

```
<? xml version = "1.0" encoding = "utf-8"? >
<LinearLayout xmlns:android = http://schemas.android.com/apk/res/android
    android:layout_width = "match_parent"
    android:layout_height = "match_parent" >
    <uk.co.senab.photoview.PhotoView
        android:id = "@ + id/pv_photo"
        android:layout_width = "match_parent"
        android:layout_height = "wrap_content"/ >
</LinearLayout >
```

（3）在 Activity 中的 Java 代码如下。

```
PhotoView iv_photo = (PhotoView) findViewById(R.id.pv_photo);
Bitmap bm = BitmapFactory.decodeResource(getResources(),R.drawable.p1);
iv_photo.setImageBitmap(bm);
PhotoViewAttacher attacher = new PhotoViewAttacher(iv_photo);
或者
PhotoView iv_photo = (PhotoView) findViewById(R.id.pv_photo);
iv_photo.setImageResource(R.drawable.p1);
PhotoViewAttacher attacher = new PhotoViewAttacher(iv_photo);
```

（4）查看应用 PhotoView 实现手势图片放大与缩小的运行效果，如图4-18 所示。

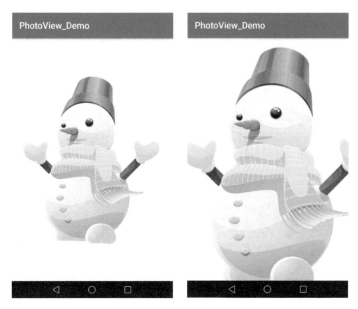

图 4-18　PhotoView 实现手势图片的放大与缩小

 4.6.3　PhotoView 和 ViewPager 实现图片滑动和缩放

下面介绍应用 PhotoView 和 ViewPager 实现图片滑动和缩放的操作，步骤具体如下。

（1）在 Android Studio 项目的 app 的 build.gradle 文件的 dependencies 闭包添加引用。

```
dependencies {
    implementation fileTree(dir: 'libs', include: ['*.jar'])
    implementation 'com. android. support:appcompat-v7:26.1.0'
    implementation 'com. github. chrisbanes. photoview:library:1.2.4'
    implementation 'com. github. bumptech. glide:glide:3.7.0'
}
```

（2）设计 Fragment 的布局。

```
<RelativeLayout xmlns:android=http://schemas. android.com/apk/res/android
    android:layout_width="match_parent"
    android:layout_height="match_parent">
        <uk. co. senab. photoview. PhotoView
            android:id="@+id/photoview"
            android:layout_width="match_parent"
            android:layout_height="match_parent"/>
</RelativeLayout>
```

（3）定义 Fragment 布局对应的处理类，代码如下。

```
public classPhotoHandleFragment extends Fragment {
    private intimgId;
    private PhotoView mPhotoView;
    public staticPhotoHandleFragment newInstance(int imgId) {
        PhotoHandleFragment fragment = new PhotoHandleFragment();
        Bundle args = new Bundle();
        args. putInt("imgId", imgId);
        fragment. setArguments(args);
        return fragment;
    }
    @Override
        public void onCreate(BundlesavedInstanceState) {
        super. onCreate(savedInstanceState);
        imgId = getArguments(). getInt("imgId");
    }
    @Override
    public ViewonCreateView(LayoutInflater inflater, final ViewGroup container,
Bundle savedInstanceState) {
        View view = inflater. inflate(R. layout. fragment, container, false);
        mPhotoView = view. findViewById(R. id. photoview);
    mPhotoView. setScaleType(ImageView. ScaleType. FIT_CENTER);
        Glide. with(getContext())
            . load(imgId)
            . placeholder(R. drawable. image1) //加载图片未显示时显示图片
            . error(R. drawable. img4)//加载异常时的图片
            . fitCenter() //缩放图像测量出来的边界范围
            . into(mPhotoView);
```

```
            return view;
        }
    }
```

（4）设计总显示的布局，代码如下。

```
<? xml version = "1.0" encoding = "utf-8"? >
<LinearLayout xmlns:android = http://schemas.android.com/apk/res/android
    android:layout_width = "match_parent"
    android:layout_height = "match_parent"
    android:orientation = "vertical" >
    <android.support.v4.view.ViewPager
        android:id = "@ +id/view_pager"
        android:layout_width = "match_parent"
        android:layout_height = "351dp"/ >
</LinearLayout >
```

（5）定义 Fragment 处理类对应的适配器，代码如下。

```
public classPhotoHandleAdapter extends FragmentPagerAdapter {
    private final int[]imgIdG;
    public PhotoHandleAdapter(FragmentManager fm, int[] imgIdG) {
    super(fm);
    this.imgIdG = imgIdG;
}
@ Override
public Fragment getItem(int position) {
    return PhotoHandleFragment.newInstance(imgIdG[position]);
}
@ Override
public int getCount() {
        return imgIdG.length;
    }
}
```

（6）在 Activity 中主应用代码如下。

```
public class MainActivity extends AppCompatActivity {
    private ViewPager viewPager;
    int [ ] imgIdG = { R.drawable.hudie, R.drawable.image1, R.drawable.img,
R.drawable.img4};
    @ Override
    protected void onCreate(BundlesavedInstanceState) {
        super.onCreate(savedInstanceState);
        setContentView(R.layout.activity_main);
        viewPager = (ViewPager) findViewById(R.id.view_pager);
    PhotoHandleAdapter viewPagerAdapter = new PhotoHandleAdapter(getSupport-
FragmentManager(), imgIdG);
```

```
        viewPager.setAdapter(viewPagerAdapter);
    }
}
```

实现效果如图 4-19 所示，完整项目参考本书代码 ViewPaper_PhotoView。

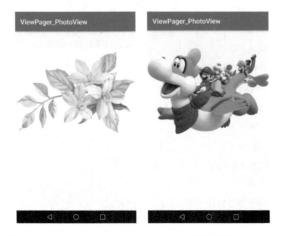

图 4-19 PhotoView 和 ViewPager 实现图片滑动和缩放

4.6.4 列表折叠

本节介绍应用 ExpandableListView 和 PinnedHeaderExpandableListView 实现列表折叠效果的方法。

1. ExpandableListView

在 Android 中，ExpandableListView 可以实现展开折叠动效，ExpandableListView 是可扩展的下拉列表，它的可扩展性在于点击父 item 可以拉下或收起列表，ExpandableListView 默认支持二级展开树形结构，可以用嵌套的方式实现多级的展开树。

用 ExpandableListView 实现展开折叠动效时，需要定义两个布局，一个为组项布局，另一个为子项布局，每个布局对应一个自定义类；需要定义一个与自定义布局对应的类及适配器类，在 Android 的主 Activity 的代码中，初始化数据，设置 ExpandableListView 的适配器为自定义适配器，设置子项事件处理，如图 4-20 所示。

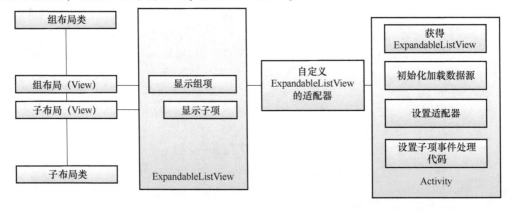

图 4-20 ExpandableListView 实现展开折叠动效结构

组项布局的代码如下。

```
<? xml version = "1.0" encoding = "utf-8"? >
<LinearLayout xmlns:android = http://schemas.android.com/apk/res/android
    android:layout_width = "wrap_content"
    android:layout_height = "wrap_content"
    android:orientation = "vertical" >
    <TextView  android:id = "@ +id/tv_group_name"
        android:layout_width = "match_parent"
        android:layout_height = "wrap_content"
        android:layout_marginBottom = "10dp"
        android:layout_marginLeft = "28dp"
        android:layout_marginTop = "10dp"
        android:padding = "8dp"
        android:textColor = "#000000"
        android:textSize = "16sp"/ >
</LinearLayout >
```

子项布局的代码如下。

```
<? xml version = "1.0" encoding = "utf-8"? >
<LinearLayout xmlns:android = http://schemas.android.com/apk/res/android
    android:layout_width = "wrap_content"
    android:layout_height = "wrap_content"
    android:gravity = "center"
    android:orientation = "horizontal" >
    <ImageView
        android:id = "@ +id/iv_child_icon"
        android:layout_width = "40dp"
        android:layout_height = "40dp"
        android:layout_marginBottom = "8dp"
        android:layout_marginLeft = "8dp"
        android:layout_marginTop = "8dp"
        android:padding = "2dp"/ >
    <TextView  android:id = "@ +id/tv_child_name"
        android:layout_width = "wrap_content"
        android:layout_height = "wrap_content"
        android:layout_marginBottom = "8dp"
        android:layout_marginLeft = "5dp"
        android:layout_marginTop = "8dp"
        android:textColor = "#330000"
        android:textSize = "12sp"/ >
</LinearLayout >
```

组项布局和子项布局分别定义两个类，对应布局里的控件的获取和赋值。

总布局的代码如下。

```xml
<? xml version = "1.0" encoding = "utf-8"? >
<RelativeLayout xmlns:android = http://schemas.android.com/apk/res/android
    xmlns:tools = http://schemas.android.com/tools
    android:layout_width = "match_parent"
    android:layout_height = "match_parent"
    tools:context = "com.example.hefugui.expandablelistview.MainActivity" >
    <ExpandableListView
        android:id = "@ +id/ex_list"
        android:layout_width = "match_parent"
        android:layout_height = "match_parent"
        android:childDivider = "#E02D2F"/ >
</RelativeLayout >
```

主 Acticity 的 Java 文件的处理代码如下。

```java
public classMainActivity extends AppCompatActivity {
    private List <Group >groupList;
    private List <List <Child > >childList;
    private ExpandableListView ex_list;
    private CustomAdapter customAdapter;
    @Override
    protected void onCreate(BundlesavedInstanceState) {
        super.onCreate(savedInstanceState);
        setContentView(R.layout.activity_main);
        ex_list = (ExpandableListView) findViewById(R.id.ex_list);
        initData();
        customAdapter = new CustomAdapter(this, groupList, childList);
        ex_list.setAdapter(customAdapter);
        }
    private voidinitData() {
        groupList = new ArrayList < >();
        childList = new ArrayList < >();
        groupList.add(new Group("水果"));
        groupList.add(new Group("蔬菜"));
        List <Child > child1 = newArrayList < >();
        child1.add(new Child("Apple", R.drawable.apple_pic));
        child1.add(new Child("Banana", R.drawable.banana_pic));
        child1.add(new Child("Orange", R.drawable.orange_pic));
        ......
        childList.add(child1);
    }
```

这里使用了 CustomAdapter 类作为 ExpandableListView 的适配器，代码如下。

```java
public classCustomAdapter extends BaseExpandableListAdapter {
private List <Group >groupList;
private List <List <Child > >childList;
```

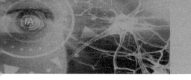
```
    private ContextmContext;
    publicCustomAdapter(Context mContext, List < Group > groupList, List < List <
Child > > childList) {
        this. mContext = mContext;
        this. groupList = groupList;
        this. childList = childList;
    }
    ......
    @ Override
    public ViewgetGroupView(int i, boolean b, View view, ViewGroup viewGroup) {
    GroupViewHolder groupViewHolder = null;
        if (view = = null){
            view = LayoutInflater. from (mContext). inflate (R. layout. item_group, view-
Group, false);
    groupViewHolder = new GroupViewHolder();
    groupViewHolder. tv_group_name = (TextView) view. findViewById (R. id. tv_group_
name);
            view. setTag(groupViewHolder);
        } else {
    groupViewHolder = (GroupViewHolder) view. getTag();
        }
    groupViewHolder. tv_group_name. setText (groupList. get (i). getGroupName ());
        return view;
    }
    @ Override
    public ViewgetChildView(int i, int i1, boolean b, View view, ViewGroup viewGroup)
{
    ChildViewHolder childViewHolder = null;
        if (view = = null){
            view = LayoutInflater. from (mContext). inflate (R. layout. item_child, view-
Group, false);
    childViewHolder = new ChildViewHolder();
    childViewHolder. iv_child_icon = (ImageView) view. findViewById(R. id. iv_child_icon);
    childViewHolder. tv_child_name = (TextView) view. findViewById(R. id. tv_child_name);
            view. setTag(childViewHolder);
        } else {
    childViewHolder = (ChildViewHolder) view. getTag();
        }
    childViewHolder. iv_child_icon. setImageResource(childList. get (i). get (i1). getImgaeID
());
    childViewHolder. tv_child_name. setText(childList. get (i). get (i1). getChildName ());
        return view;
    }
```

```
@Override
public booleanisChildSelectable(int i, int i1) {
  return true;
}
private static classGroupViewHolder {
TextView tv_group_name;
}
private static classChildViewHolder {
ImageView iv_child_icon;
TextView tv_child_name;
}
}
```

ExpandableListView 展开折叠的实现效果如图 4-21 所示，完整项目参考本书代码 Expand-ableListVivew。

ExpandableListView	ExpandableListView
⌄ 水果	⌃ 水果
⌄ 蔬菜	🍎 Apple
	🍌 Banana
	🍊 Orange
	🍉 Watermelon
	🍐 Pear
	🍇 Grape
	🍍 Pineapple
	🍓 Strawberry

图 4-21　ExpandableListView 展开折叠的实现效果

2. PinnedHeaderExpandableListView

PinnedHeaderExpandableListView 是一个 ExpandableListView 的扩展，它的头部可以固定，在它的上面还有一个头部可以来回伸缩。项目地址：https://github.com/singwhatiwanna/PinnedHeaderExpandableListView，执行结果如图 4-22 所示。

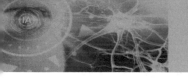

图 4-22　PinnedHeaderExpandableListView 的执行结果

4.7　本章小结

　　本章介绍了 Android 的各种基础动画，包括绘图动画、矢量动画、Drawable 动画、属性动画和控件动画等，并讲述了这些动画的具体实现过程。

APP 中的复杂动效是由多种基本动效组合而成的，因此必须理解和掌握基本动效的制作，下面分别进行介绍。

5.1 滑动

滑动属于导航动效的一种，以横向或纵向的列表形式呈现信息，这个列表会随用户的滑动手势而移动，移动到适当的位置并对齐。这种动效应用比较广泛，例如微信、媒体播放器、天气 APP 等。

在 Android 中，实现滑动导航动效的控件有 ListView、ExpandableListView 和 RecyclerView。

1. ListView 实现滑动导航

Android 中 ListView 是显示项列表的控件，ListView 可以适用多种数据源，这些数据都可以展示在 ListView 中，为此，Android 用适配器的设计模式，针对每种不同的数据使用不同的适配器进行匹配。适配器就是数据和视图之间的桥梁，数据在适配器中做处理，然后显示到 ListView 上面，如图 5-1 所示。

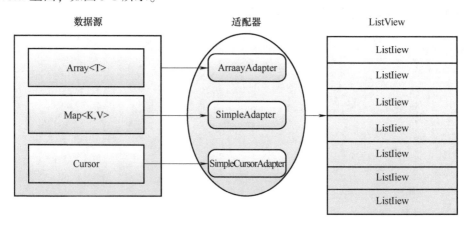

图 5-1　ListView 显示数据项的结构

当 ListView 控件包含的列表项多于移动终端的显示屏幕大小时，ListView 支持通过滑动显示屏幕之外的列表项。

ListView 可以设置 3 种不同适配器，适配不同的数据源，也可以自定义适配器，适配一

些复杂的显示项，图5-2中的显示项即是通过自定义适配器实现的。

 关于健身，当下有哪些流行的观念是错误的？

 有哪些体育解说员「打脸」事件？

 中科院成功合成金属氮，看到「N2炸弹」我以为自己穿越了

图5-2　ListView自定义适配器的列表项

当ListView显示自定义的列表项时，这个列表项就是一个自定义布局，此时还需要定义一个与自定义布局对应的类及适配器类。在Android的主Activity的代码中，将ListView的适配器设置为自定义适配器，如果需要，可进一步设置ListView列表项的事件处理代码，如图5-3所示。

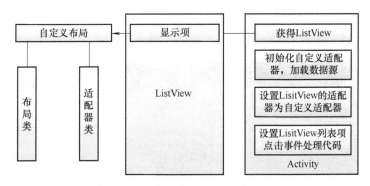

图5-3　ListView实现自定义显示列表

ExpandableListView是可扩展的下拉列表，它的可扩展性在于点击父Item可以拉下或收起列表，适用于一些场景。

2. RecyclerView实现滑动导航

RecyclerView与ListView原理类似，都是仅仅维护少量的View，并且可以展示大量的数据集。RecyclerView与ListView相比，具有以下特点。

（1）RecylerView封装了viewholder的回收复用，即标准化了ViewHolder，封装了复杂的逻辑，更加简化程序。

（2）提供了一种插拔式的架构，高度的解耦，使用非常灵活，针对一个列表项的显示，RecylerView专门抽取出了相应的类来控制列表的显示，使扩展性更强。例如，Recyclerview除了下拉列表，还支持网格效果和瀑布流效果。

（3）通过addHeaderView()、addFooterView()方法可添加头视图和尾视图。

（4）通过setOnItemClickListener()和setOnItemLongClickListener()设置点击和长按事件。

（5）长按点击其中一个 Item 之后可以将其拖动到其他地方。

（6）向左右滑动可以删除某个 Item。

（7）RecylerView 通过设置不同的 LayoutManager、ItemDecoration、ItemAnimator，可以实现更好的效果。

举例如下。

```
myRecyclerView = findView(R.id.id_recyclerview);
//设置布局管理器
myRecyclerView.setLayoutManager(mylayout);
//设置 adapter
myRecyclerView.setAdapter(adapter)
//设置 Item 增加、移除动画
mRecyclerView.setItemAnimator(new ItemAnimator());
//添加分割线
mRecyclerView.addItemDecoration(new DividerItemDecoration());
```

3. 开源的滑动控件：SlideAndDragListView

SlideAndDragListView（SDLV）继承 ListView，支持 Item 的拖动排序、左右滑动事件，可自定义左右滑动时显示的文字、图标、位移，支持 onItemClick、onItemLongClick 等监听器，提供了丰富的回调接口。SDLV 项目地址：https://github.com/yydcdut/SlideAndDragList-View。Demo 地址：https://github.com/yydcdut/SlideAndDragListView/blob/master/apk/sdlv.apk？raw＝true。Demo 的执行结果如图 5-4 所示。

图 5-4　SlideAndDragListView 控件 Demo 效果

5.2　缩放

可以使用前面介绍的 ImageView 和 PhotoView 在 Android 中实现缩放的动效，这两种控件

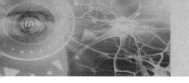
可以实现通过手势控制图片的缩放，联合使用 PhotoView 和 ViewPager 可以实现图片滑动和缩放，使用 ViewPager 实现图片的滑动，使用 PhotoView 实现图片的缩放。

还可以通过 Android 的 ImageButton 和 ImageView，实现点击图像放大和缩小的功能，如图 5-5 所示。

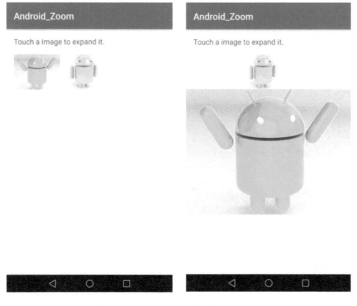

图 5-5　点击实现图像放大和缩小

在网页中也可以方便地实现图片的缩放操作，常用的方法是使用 jQuery 和 jQuery 插件。jquery. zoom. js 是一款图片内部缩放和平移 jQuery 插件，该插件通过鼠标滑过图片、点击图片或移动手机上触摸图片，对图片进行放大或平移操作。

e-smart-zoom-jquery. js 是一款图片缩放的 jQuery 插件，插件在页面上提供了两个按钮，可以点击放大或者缩小图片，也可以将鼠标悬停在图片上，滚动鼠标滚轮实现图片的放大或者缩小效果，如图 5-6 所示。

图 5-6　e-smart-zoom-jquery. js 实现图片缩放

e-smart-zoom-jquery. js 实现图像缩放的主要代码如下。

```html
</html>
  <body>
    <div class = "imgCon">
      <div class = "imgDiv">
        <img src = "horse. jpg" alt = "">
      </div>
    </div>
  <script src = "jquery-1.11.0. min. js"></script>
  <script src = "e-smart-zoom-jquery. js"></script>
  <script>
    $ (function () {
      $ (". imgCon img"). smartZoom ()
    })
    </script>
  </body>
</html>
```

5.3　展开折叠

　　展开折叠动效主要用于分组元素和组内元素的显示和隐藏，用户点击分组组元素即可显示和隐藏组内元素，清楚地展现给用户层次性的元素关系。

　　可以使用前面介绍的 ExpandableListView 和 PinnedHeaderExpandableListViewy 在 Android 中实现展开折叠，除此之外，Android 的控件 RecyclerView 和 TreeView 也可以实现折叠展开的功能。RecyclerView 与 ExpandableListView 的实现类似，下面介绍 TreeView 的实现过程。

　　TreeView 实现展开折叠的过程如下。

　　（1）在 Android Studio 项目的 app 的 build. gradle 文件的 dependencies 闭包添加引用。

```gradle
dependencies {
    implementationfileTree(dir: 'libs', include: ['*.jar'])
    implementation 'com. android. support:appcompat-v7:26.1.0'
    implementation 'com. github. bmelnychuk:atv:1. 2. +'
}
```

　　（2）在 Android 的 Java 中的实现代码如下。

```java
TreeNode root = TreeNode. root ();
TreeNode parent 1 = new TreeNode ("ParentNode");
TreeNode child11 = new TreeNode ("ChildNode11");
TreeNode child12 = new TreeNode ("ChildNode12");
parent1. addChildren (child11);
parent1. addChildren (child12);
root. addChild (parent1);
AndroidTreeView tView = new AndroidTreeView (getActivity (), root);
```

```
containerView.addView(tView.getView());
```

（3）如果显示节点为自定义节点，需要实现节点类文件，格式如下。

```
public class CustomHolder extends TreeNode.BaseNodeViewHolder {
...
  @Override
  public ViewcreateNodeView(TreeNode node) {
    final LayoutInflater inflater = LayoutInflater.from(context);
    final View view = inflater.inflate(R.layout.customlayout, null, false);
    ......
    return view;
  }
}
```

在网页中也经常使用展开折叠动效，一般使用 CSS 和 jQuery 技术实现。

1. CSS3 实现展开折叠

CSS3 不仅可以实现展开折叠的 2D 效果，也可以实现 3D 效果，如图 5-7 所示，项目代码参考：https://www.html5tricks.com/。

图 5-7　CSS3 实现展开折叠

2. jQuery 实现展开折叠

jQuery 是一个 JavaScript 函数库，下载网址：https://jquery.com/download。jQuery 库包含以下特性：（1）HTML 元素选取；（2）HTML 元素操作；（3）CSS 操作；（4）HTML 事件函数；（5）JavaScript 特效和动画；（6）HTML DOM 遍历和修改；（7）AJAX；（8）Utilities。

jQuery 实现展开折叠，需要使用到以下几个函数。

（1）slideToggle( )

通过滑动效果，显示和隐藏元素，例如在显示和隐藏状态之间切换 <p> 元素。

```
$(".btn1").click(function(){
    $("p").slideToggle();
});
```

（2）toggle( )

toggle( )方法可切换显示和隐藏元素。显示被隐藏的元素，并隐藏已显示的元素，例如显示和隐藏状态之间切换 <p> 元素。

```
$("button").click(function(){
    $("p").toggle();
});
```

toggle 和 slideToggle 方法，都能实现对一个元素的显示和隐藏，区别如下。

➤ toggle：动态效果为从右至左。横向动作。

➤ slideToggle：动态效果从下至上。竖向动作。

（3）siblings( )

siblings( )是 jQuery 遍历方法，例如查找每个 p 元素的所有类名为 " . selected" 的所有元素。

```
$("p").siblings(".selected");
```

（4）show( )和 hide( )

元素的显示和隐藏。

（5）next( )

查找每个段落的下一个同胞元素，例如仅选中类名为 " . selected" 的段落。

```
$("p").next(".selected").css("background", "yellow");
```

jQuery 实现展开折叠动效的核心代码如下。

```
<script src="js/jquery.min.js" type="text/javascript"></script>
<script type="text/javascript">
$(function()
{
    $(".flip").click(function()
    {
        $(this).toggleClass("selected");
        $(this).siblings().not(".parent").not(":child1").hide();
        $(this).next().show().next().show();
    });
})
</script>
```

jQuery Horizontal Accordion 是来自国外的一款横向展开、折叠的滑动门菜单，圆弧形风格，自带有几种切换方式，是学习 jQuery 动画菜单非常不错的参考资料。

5.4 横竖屏切换

横竖屏切换是指内容根据设备的旋转来旋转，内容伴随屏幕的旋转而旋转；在设备旋转的同时，使内容平滑地过渡。

在 Android 中，设置屏幕横屏的代码如下。

```
setRequestedOrientation(ActivityInfo.SCREEN_ORIENTATION_LANDSCAPE);
```

设置屏幕竖屏的代码如下。

```
setRequestedOrientation(ActivityInfo.SCREEN_ORIENTATION_PORTRAIT);
```

获取屏幕的方向的代码如下。

int screenNum = getResources().getConfiguration().orientation; 数值1表示竖屏,数值2表示横屏。

竖屏切换的过程中会调用 Activity 的 onDestroy() 和 onCreate() 方法，通俗来说就是关闭一个 activity，新启动一个 activity，这样前一个 activity 的数据就不存在了。为了解决这个问题，在配置文件 AndroidManifest.xml 加上 configChanges 配置就不会重走销毁和创建过程了，配置如下。

```
<activity android:name = ".MainActivity"
    android:configChanges = "orientation | keyboardHidden | screenSize"
    android:screenOrientation - "unspecified"
    android:label = "@ string/app_name" >
    <intent-filter >
        <action android:name = "android.intent.action.MAIN"/>
        <category android:name = "android.intent.category.LAUNCHER"/>
    </intent-filter>
</activity >
```

其中 android：screenOrientation 配置屏幕的方向，含义如下。

android:screenOrientation = "unspecified"，跟随系统屏幕旋转方向等(默认)。

android:screenOrientation = "landscape"，强制横屏。

android:screenOrientation = "portrait"，强制竖屏。

android:screenOrientation = "sensor"，由物理的感应器来决定,如果用户旋转设备这屏幕会横竖屏切换。

android:screenOrientation = "user"，用户当前首选的方向。

android:screenOrientation = " behind "，与该 Activity 下面的那个 Activity 的方向一致(在 Activity 堆栈中的)。

android:screenOrientation = " nosensor "，忽略物理感应器。

在 Android 程序中，在配置文件 AndroidManifest.xml 中加上下面两个配置，即可实现横竖屏由物理的感应器进行切换，配置如下。

```
<application
    android:allowBackup = "true"
    android:icon = "@mipmap/ic_launcher"
    android:label = "@ string/app_name"
    android:roundIcon = "@mipmap/ic_launcher_round"
    android:supportsRtl = "true"
    android:theme = "@ style/AppTheme" >
    <activity android:name = ".MainActivity"
        android:screenOrientation = "sensor"
        android:configChanges = "orientation | keyboardHidden | screenSize"
        android:label = "@ string/app_name" >
        <intent-filter >
            <action android:name = "android.intent.action.MAIN"/>
            <category android:name = "android.intent.category.LAUNCHER"/>
        </intent-filter>
```

```
</activity>
</application>
```

另外，如果在横竖屏切换过程中，需要做一些操作的话，则在 Activity 的代码的 onConfigurationChanged( )中处理。

```
@Override
public void onConfigurationChanged(ConfigurationnewConfig) {
    if (newConfig. orientation = = Configuration. ORIENTATION_PORTRAIT)
    {
      ......
    }
    else
    {
      ......
    }
    super. onConfigurationChanged(newConfig);
}
```

5.5 堆叠切换

用户切换界面对象时，当前对象移动到后面，新的对象移动到前面，原物体撤后，新物体出现。

1. Android 实现堆叠切换

Android 的 StackView 是一个可以实现堆叠切换的控件，StackView 的官方定义是：A view that displays its children in a stack and allows users to discretely swipe through the children，翻译过来就是 StackView 是一个 View 控件，在一个栈栈中显示它的子视图，允许用户直接切换浏览子视图。

SackView 是一个堆叠视图，有两种方式控制显示的子视图。

（1）通过触摸操作拖走 StackView 中处于顶端的视图，下一个视图将会显示出来，处于顶端的视图在 StackView 栈的底部。

（2）调用 StackView 的 showPrevious( )，showNext( )方法控制显示上一个、下一个视图。

使用 StackView 显示一组图片实现堆叠切换的主要代码如下。

```
sk = (StackView) findViewById(R. id. sk);  //获取布局的 StackView
ImageAdapter adapter = new ImageAdapter(getApplicationContext(), mImage); // ImageAdapter 自定义适配器
sk. setAdapter(adapter);

btn_previous = (Button) findViewById(R. id. btn_previous);
btn_previous. setOnClickListener(new View. OnClickListener() {
    @Override
    public voidonClick(View view) {
        sk. showPrevious(); //StackView 显示前一个子视图
```

```
        }
    });
    btn_next = (Button) findViewById(R.id.btn_next);
    btn_next.setOnClickListener(new View.OnClickListener() {
        @Override
        public voidonClick(View view) {
            sk.showNext();//StackView 显示下一个子视图
        }
    });
```

使用 StackView 显示一组图片实现堆叠切换的效果如图 5-8 所示，完整项目参考本书代码 StackView。

图 5-8　StackView 实现堆叠切换

2. Html5 实现堆叠切换

在网页中也经常使用堆叠切换动效，网页的堆叠切换动效一般使用 jQuery 和 CSS 技术实现。

Elastistack 是一个图片堆叠展示特效的插件，用户可以通过鼠标拖拽堆叠图片来显示下一张图片，当拖动顶部的图片时，其他图片就像是被弹簧连接在一起跟着运动，堆叠图片就像弹簧一样非常具有弹性，被拖动的图片将被弹性释放，下一张图片出现在堆叠图片的顶部。

Elastistack 实现堆叠切换动效的网页脚本如下。

```
< script src = "js/draggabilly.pkgd.min.js" > </script >
< script src = "js/elastiStack.js" > </script >
```

```
<script>
 new ElastiStack(document.getElementById('elasticstack'));
</script>
```

其中 draggabilly. pkgd. min. js 是一个拖拽插件，ElastiStack 的使用说明如下。

```
new ElastiStack(element, {
    distDragBack : 100, // distDragBack: if the user stops dragging the image in a
area that does not exceed [distDragBack]px
    distDragMax : 400, // distDragMax: if the user drags the image in a area that ex-
ceeds [distDragMax]px
    onUpdateStack : function(current) { return false; }   //callback
});
```

显示的元素的 ID 是 elasticstack，定义格式如下。

```
<ul id = "elasticstack" class = "elasticstack">
 <li> <img src = "img/1. jpg" alt = "01"/> <h5>图像 1 </h5> </li>
 <li> <img src = "img/2. jpg" alt = "02"/> <h5>图像 2 </h5> </li>
 <li> <img src = "img/3. jpg" alt = "03"/> <h5>图像 2 </h5> </li>
 <li> <img src = "img/4. jpg" alt = "04"/> <h5>图像 3 </h5> </li>
 <li> <img src = "img/5. jpg" alt = "05"/> <h5>图像 4 </h5> </li>
 <li> <img src = "img/6. jpg" alt = "06"/> <h5>图像 5 </h5> </li>
</ul>
```

Elastistack 实现图片堆叠效果如图 5-9 所示。

图 5-9　Elastistack 实现图片堆叠效果

5.6　提示

恰当使用 APP 应用程序提示，可以为用户提供一个友好的使用环境。

（1）系统提示音。在 Android 系统中，获取系统提示音的代码如下。

```
private static voidstartAlarm(Context context) {
    Uri notification =RingtoneManager. getDefaultUri(RingtoneManager. TYPE_NO-
TIFICAT1ON);
    if (notification = = null) return;
    Ringtone r =RingtoneManager. getRingtone(context, notification);
    r.play();
}
```

（2）手机震动。实现手机震动比较简单，可以使用 Vibrator 类实现。

在 AndroidManifest. xml 文件中添加权限。

```
< uses-permission android:name = "android. permission. VIBRATE"/ >
```

代码如下。

```
private static voidstartVibrator(Context context) {
    Vibrator vibrator =  (Vibrator)context. getSystemService (context. VIBRATOR_
SERVICE);
    vibrator. vibrate(1000);
}
```

（3）消息提示。Android 提供了 Toast 类用于显示消息提示框，使用格式如下。

```
Toast. makeText(this, "提示信息", Toast. LENGTH_LONG). show();
```

Toast 是一种时间短暂的提示框，没有用户交互，适用于大部分场景中的用户信息提示。更高级提示可以通过 AlertDialog 对话框实现，对话框由 Builder 类来创建，可以依次调用 setTitle( )、setMessage( )、setView( )、setPositiveButton( )、setNegativeButton( )等设置对话框的界面元素，最后调用 show( )方法显示。

下面是使用 AlertDialog 实现的一个对话框，代码如下。

```
final EditText et  = new EditText(MainActivity. this);
newAlertDialog. Builder(MainActivity. this)
    . setTitle("对话框")
    . setView(et)
    . setMessage("请输入")
    . setPositiveButton("确定", new DialogInterface. OnClickListener() {
        @ Override
        public voidonClick(DialogInterface dialog, int which) {
            Toast. makeText (MainActivity. this, "你点了确定按钮", Toast. LENGTH_
SHORT). show();
        }})
    . setNegativeButton("取消", new DialogInterface. OnClickListener() {
        @ Override
```

```
        public voidonClick(DialogInterface dialog, int which) {
            Toast.makeText(MainActivity.this, "你点了取消按钮", Toast.LENGTH_SHORT)
.show();
        }
    })
    .show();
```

显示效果如图 5-10 所示。

图 5-10　AlertDialog 对话框

在网页中提示动效也是常用的动效，在网页中可以使用 jQuery 插件实现，dialog.js 是一个实现对话框插件，示例代码如下。

```
<link rel = "stylesheet" type = "text/css" href = "../dist/dialog.css">
<input type = "button" id = "btn_dialog" value = "打开对话框"/>
<div id = "content" style = "display:none;">内容部分</div>
<script src = "../src/jquery-1.9.1.min.js"></script>
<script src = "../src/dialog.js"></script>
<script>
    var dialog = new Dialog();
    dialog.init({target:"#content",trigger:"#btn_dialog",mask:true,width:300,
height:200,title:'标题'});
</script>
```

对话框属性的含义如下。

target：弹出内容。trigger：触发对象。mask：是否有遮罩层。width：宽度。height：高度。title：标题。

zDialog.js 是 jQuery 弹出窗口另一个提示框插件，示例代码如下。

```
<script language = "javascript" src = "JS/zDialog/zDialog.js" type = "text/javas-
cript"></script>
<script language = "javascript" type = "text/javascript">
functionopenDialog(title,url)
```

```
{
    var dlg = new Dialog();//定义 Dialog 对象
    dlg.Model = true;
    dlg.Width = 300;//定义长度
    dlg.Height = 300;
    dlg.URL = url;
    dlg.Title = title;
    dlg.show();
}
</script>
```

5.7　图表

在 APP 中经常会用到图表，用于表达数据的关系，下面介绍一些典型的图表。

 ### 5.7.1　MPAndroidChart

MPAndroidChart 是目前 Android 开发使用较多的一个第三方库，功能非常强大，集成简单，具有强大的图表绘制工具，支持折线图、面积图、散点图、时间图、柱状图、条图、饼图、气泡图、圆环图、条形图、网状图及各种图的结合，其中直方图支持 3D 效果，支持图的拖拽缩放、横纵轴缩放、多指缩放。GitHub 网址：https://github.com/PhilJay/MPAndroidChart。Demo 项目网址：https://github.com/PhilJay/MPAndroidChart/tree/master/MPChartExample。

MPAndroidChart 库在 Android Studio 中使用方法如下。

（1）在 Android Studio 项目根 build.gradle 文件中增加 JitPack 仓库依赖。

```
allprojects {
    repositories {
        google()
        jcenter()
        maven { url "https://jitpack.io" }
    }
}
```

（2）添加 MPAndroidChart 库，在 Android Studio 项目的 app 的 build.gradle 文件的 dependencies 闭包添加引用。

```
dependencies {
    implementationfileTree(dir: 'libs', include: ['*.jar'])
    implementation 'com.android.support:appcompat-v7:26.1.0'
    implementation 'com.github.PhilJay:MPAndroidChart:v3.0.1'

}
```

（3）在布局文件中定义图表类型。

```
<com.github.mikephil.charting.charts.LineChart
    android:id="@ +id/chart"
```

```
android:layout_width = "match_parent"
android:layout_height = "300dp"/>
```

MPAndroidChart 支持 12 种不同的图表类型，如图 5-11 所示。

```xml
<?xml version="1.0" encoding="utf-8"?>
<LinearLayout xmlns:android="http://schemas.android.com/apk/res/android"
    android:layout_width="match_parent"
    android:layout_height="match_parent"
    android:orientation="vertical">
    <com.github.mikephil.charting.charts.LineChart
        android:id="@+id/chart"
        android:layout_width="match_
        android:layout_height="match
</LinearLayout>
```

C	BarChart (com.github.mikephil.charting.charts)
C	BarLineChartBase (com.github.mikephil.charting.cha···
C	BubbleChart (com.github.mikephil.charting.charts)
C	CandleStickChart (com.github.mikephil.charting.char···
C	Chart (com.github.mikephil.charting.charts)
C	CombinedChart (com.github.mikephil.charting.charts)
C	HorizontalBarChart (com.github.mikephil.charting.ch···
C	LineChart (com.github.mikephil.charting.charts)
C	PieChart (com.github.mikephil.charting.charts)
C	PieRadarChartBase (com.github.mikephil.charting.cha···
C	RadarChart (com.github.mikephil.charting.charts)
C	ScatterChart (com.github.mikephil.charting.charts)

Press Ctrl+空格 to view tags from other namespaces

图 5-11　MPAndroidChart 支持的图表类型

（4）应用代码。创建 LineDataSet 对象，并添加到 LineData 对象，此对象包含由 Chart 实例表示的所有数据，设置为 LineChart 的数据，代码如下。

```
LineChart chart = (LineChart) findViewById(R.id.chart);
LineDataSet dataSet = new LineDataSet(data, "Label");
dataSet.setColor();
dataSet.setValueTextColor();
LineData lineData = new LineData(dataSet);
chart.setData(lineData);
chart.invalidate();
```

 5.7.2　HelloCharts

HelloCharts 是一个用来生成统计图表的第三方库，支持折线图、柱状图、饼状图以及气泡状表，支持缩放、滑动和动画效果，是一个实用的 Android 平台的图表库。GitHub 网址：https://github.com/lecho/hellocharts-android。

HelloCharts 库在 Android Studio 中使用方法有如下两种。

1. 方法 1

在 Android Studio 项目根 build.gradle 文件中增加 JitPack 仓库依赖。

```
allprojects {
  repositories {
    google()
    jcenter()
```

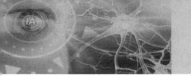
```
    maven { url "https://jitpack. io" }
  }
}
```

在 Android Studio 项目的 app 的 build. gradle 文件的 dependencies 闭包添加引用。

```
dependencies {
    implementationfileTree(dir: 'libs', include: ['*.jar'])
    implementation 'com. android. support:appcompat-v7:26.1.0'
    implementation 'com. github. lecho:hellocharts-library:1.5.8@aar'
}
```

2. 方法 2

下载最新的 JAR 包并导入使用，网址：https://github.com/lecho/hellocharts-android/relea-ses，登录后会看到发布的最新 jar 包，如图 5-12 所示。下载后放到 Android Studio 项目 app 目录下的 libs 文件夹下，然后设置为库即可。

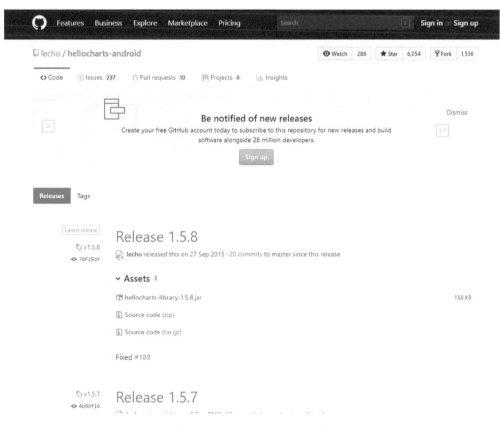

图 5-12　HelloCharts 的 JAR 库

在引入库之后，即可在布局文件中使用，XML 的代码如下。

```
<? xml version = "1.0" encoding = "utf-8"? >
<LinearLayout xmlns:android = http://schemas. android.com/apk/res/android
    android:layout_width = "match_parent"
    android:layout_height = "match_parent"
```

```
        android:orientation = "vertical" >
      < lecho. lib. hellocharts. view. LineChartView
            android:id = "@ + id/chart"
            android:layout_width = "match_parent"
            android:layout_height = "match_parent"/ >
</LinearLayout >
```

HelloCharts 也支持多种不同的图表类型，如图 5-13 所示。

```
<?xml version="1.0" encoding="utf-8"?>
<LinearLayout xmlns:android="http://schemas.android.com/apk/res/android"
    android:layout_width="match_parent"
    android:layout_height="match_parent"
    android:orientation="vertical">
    <lecho.lib.hellocharts.view..LineChartView
        android:id="@+id/ch    C   AbstractChartView (lecho.lib.hellocharts.view)
        android:layout_widt        C   BubbleChartView (lecho.lib.hellocharts.view)
        android:layout_heig        C   ColumnChartView (lecho.lib.hellocharts.view)
</LinearLayout>                 C   ComboLineColumnChartView (lecho.lib.hellocharts.view)
                                C   hack.HackyDrawerLayout (lecho.lib.hellocharts.view...
                                C   hack.HackyViewPager (lecho.lib.hellocharts.view.hack)
                                C   LineChartView (lecho.lib.hellocharts.view)
                                C   PieChartView (lecho.lib.hellocharts.view)
                                C   PreviewColumnChartView (lecho.lib.hellocharts.view)
                                C   PreviewLineChartView (lecho.lib.hellocharts.view)
Press Ctrl+空格 to view tags from other namespaces                              π
```

图 5-13　HelloCharts 支持的图表类型

在 Java 文件中使用的代码如下。

```
//获取布局控件
LineChartView  chart = (LineChartView) findViewById(R. id. chart);
//定义点
ArrayList < PointValue > values = new ArrayList < PointValue >(); //线上的点
values. add(newPointValue(0, 5));
values. add(newPointValue(1, 4));
values. add(newPointValue(2, 6));
values. add(newPointValue(3, 3));
values. add(newPointValue(5, 2));
values. add(newPointValue(6, 4));
values. add(newPointValue(7, 6));
values. add(newPointValue(8, 1));
//定义线
Line line1 = new Line(values). setColor(Color. GREEN); //声明线并设置颜色
line1. setCubic(true); //设置是平滑的还是直的
ArrayList < Line > lines = new ArrayList < Line >();
lines. add(line1);
//设置折线表相关属性和数据
```

```
chart.setInteractive(true);//设置图表是可以交互的
chart.setZoomType(ZoomType.HORIZONTAL_AND_VERTICAL);//设置缩放方向
LineChartData data = new LineChartData();
AxisaxisX = new Axis();//x轴
AxisaxisY = new Axis();//y轴
data.setAxisXBottom(axisX);
data.setAxisYLeft(axisY);
data.setLines(lines);
chart.setLineChartData(data);//给图表设置数据
```

运行结果如图 5-14 所示。

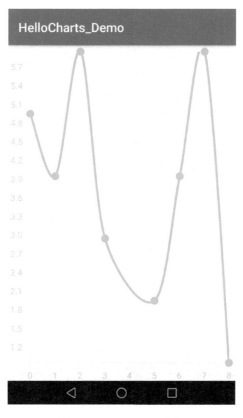

图 5-14　HelloCharts 示例

 5.7.3　AChartEngine

AChartEngine（简称 ACE）是一个支持 Android 的开源图表库，它的功能强大，支持散点图、折线图、饼图、气泡图、柱状图、短棒图、仪表图等多种图表。AChartEngine 官网：http://www.achartengine.org/。开源地址：https://github.com/ddanny/achartengine。

AChartEngine 库的使用方法是直接下载库文件。AChartEngine 库文件网址：http://repository-achartengine.forge.cloudbees.com/snapshot/org/achartengine/achartengine/1.2.0/，下载后复制到 Android Studio 项目 app 目录下的 libs 文件夹下，然后单击鼠标右键，选择菜单

项 Add As Library 即可，如图 5-15 所示。

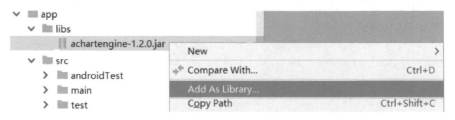

图 5-15　Android Studio 中使用 AChartEngine

AChartEngine 提供的 GraphicalView 可以灵活地在任何位置插入图表，包括的类如图 5-16 所示。

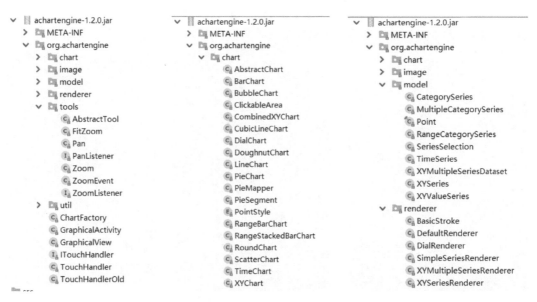

图 5-16　AChartEngine 提供的类

AChartEngine 绘制图表主要相关类介绍如下。

（1）GraphicalView：图表控件，是一个容器控件，图表都在此控件中呈现。

（2）ChartFactory：工厂类，用来构建不同的图表对象，例如 LineChart、CubeLineChart、PieChart、BarChart 等。

（3）XYMultipleSeriesDataset：数据集容器，可以存放多条曲线的数据集合。

（4）XYMultipleSeriesRenderer：渲染器容器，例如初始化坐标系、网格、标题等，还用来存放多条曲线的渲染器。

（5）XYSeries：存放曲线的数据集。

（6）XYSeriesRenderer：渲染器，存放曲线的参数，例如线条颜色、点大小等。

 5.7.4　XCL-Charts

XCL-Charts 基于原生的 Canvas 来绘制各种图表，采用 Apache v2 License 开源协议。给使

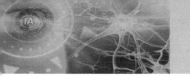

用者提供足够多的定制化能力，使用简便，具有相当灵活的定制能力。GitHub 地址：https://github.com/xcltapestry/XCL-Charts。XCL-Charts 支持的图表类型包括 BarChart、BarChart3D、StackBarChart、RangeBarChart、LineChart、SplineChart、AreaChart、PieChart、PieChart3D、DountChart、ArcLineChart、RoseChart、FunnelChart、CircleChart、BubbleChart、RadarChart、GaugeChart、ScatterChart 和 DialChart。其他特性还包括支持手势缩放、图表滑动、点击交互、多图叠加、图表批注、动画效果、多 XY 轴显示、轴线任意方位显示、动态图例、图表参考线、柱图刻度居中风格切换、混合图表及同数据源图表类型切换等。

　　登录网址 https://github.com/xcltapestry/XCL-Charts，下载 XCL-Charts-master. zip 文件，在 version 目录下存放 xcl-Charts. jar 库文件和演示安装包 XCL-Charts-demo. apk，如图 5-17 所示。

XCL-Charts-master.zip ＞ XCL-Charts-master ＞ version	
名称 ^	类型
xcl-charts.jar	Executable Jar File
XCL-Charts-demo.apk	Android 应用程序

图 5-17　xcl-Charts. jar 库文件和演示安装包 XCL-Charts-demo. apk

　　在 Android Studio 中打开项目 XCL-Charts-master，其包括两个子项目：lib 和 demo，选择菜单 Build ＞ Rebuild Project，完成之后，即可对项目进行编译如图 5-18 所示。

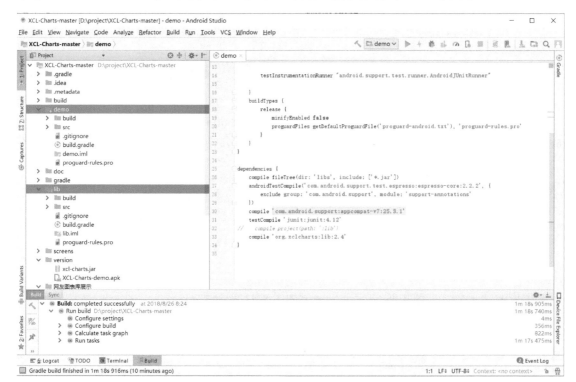

图 5-18　在 Android Studio 中编译项目 XCL-Charts-master

Lib 子项目和 demo 子项目的内容如图 5-19 所示，demo 子项目包括各种类型图表的演示。

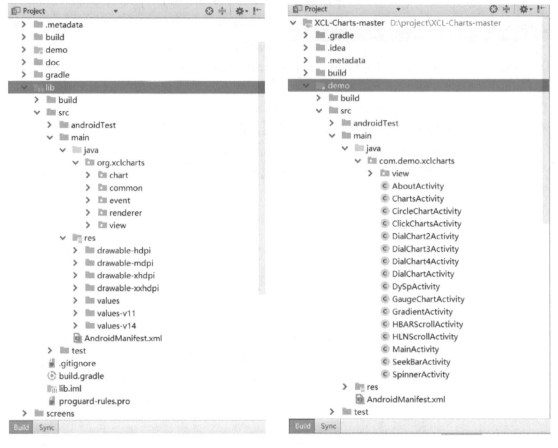

图 5-19　lib 子项目和 demo 子项目的内容

在 Android Studio 主界面中选择菜单命令 Build > Rebuild Project 和 Build > Build APK，完成以后生成两个文件：demo 子项目的 Android 安装文件 demo-debug. apk 和 lib 子项目生成的 lib-debug. aar 文件，如图 5-20 所示。

图 5-20　生成的安装文件和库文件

生成的 demo-debug. apk 安装后运行结果如图 5-21 所示。

XCL-Charts 各种图表的使用方法参考项目"XCL-Charts-master"中的 demo 子项目。

 5. 7. 5　GraphView

GraphView 绘制图表和曲线图的 View，可用于 Android 上的曲形图、柱状图、波浪图展示，项目地址：https://github.com/jjoe64/GraphView。Demo 项目地址：https://github.com/jjoe64/GraphView-Demos。

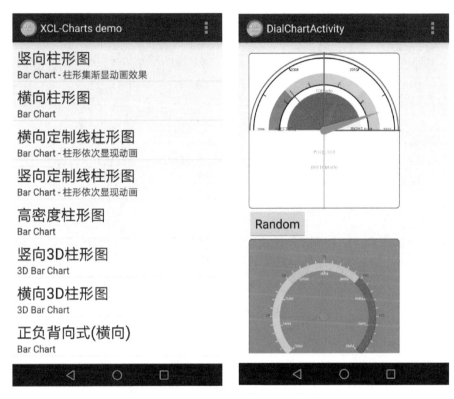

图 5-21　XCL-Charts 的 Demo 演示

GraphView 库在 Android Studio 中的使用方法如下。

（1）在 Android Studio 项目的 app 的 build. gradle 文件的 dependencies 闭包添加引用。

```
dependencies {
    implementation fileTree(dir: 'libs', include: ['*.jar'])
    implementation 'com. android. support:appcompat-v7:26.1.0'
    implementation 'com. jjoe64:graphview:4. 2. 2'
}
```

（2）导入库以后，在布局文件中引入 GraphView 的使用，GraphView 的使用和普通 View 的使用相同，代码如下。

```
<? xml version = "1.0" encoding = "utf-8"? >
<LinearLayout xmlns:android = http://schemas. android.com/apk/res/android
    android:layout_width = "match_parent"
    android:layout_height = "match_parent" >
    < com. jjoe64. graphview. GraphView
        android:id = "@ + id/graph"/ >
        android:layout_width = "match_parent"
        android:layout_height = "400dip"
</LinearLayout >
```

（3）在 Java 文件中使用的代码如下。

```
PointsGraphSeries <DataPoint> series = new PointsGraphSeries <DataPoint> (new
DataPoint[] {
        new DataPoint(0, 1),
        new DataPoint(1, 5),
        new DataPoint(2, 3),
        new DataPoint(3, 2),
        new DataPoint(4, 4)
});
graph. addSeries(series);
series. setShape(PointsGraphSeries. Shape. RECTANGLE);//设置点的形状
series. setColor(Color. BLUE);
```

 ### 5.7.6 HTML5 数据图表

HTML5 网页的图表可以使用 JavaScript 脚本实现，目前市面上提供了很多 JavaScript 数据图表插件，下面介绍一些典型的 HTML 数据图表插件。

（1）ECharts（Enterprise Charts）

商业级数据图表，一个纯 JavaScript 的图表库，在 PC 和移动设备上可以流畅运行，兼容当前主流浏览器，提供直观、生动、可交互、可高度个性化定制的数据可视化图表。创新的拖拽重计算、数据视图、值域漫游等特性大大增强了用户体验，赋予了用户对数据进行挖掘、整合的能力，项目地址：http://echarts. baidu.com/download.html。

支持折线图（区域图）、柱状图（条状图）、散点图（气泡图）、K 线图、饼图（环形图）、雷达图（填充雷达图）、和弦图、力导向布局图、地图、仪表盘、漏斗图、事件河流图等 12 类图表，同时提供标题、详情气泡、图例、值域、数据区域、时间轴、工具箱等 7 个可交互组件，支持多图表、组件的联动和混搭展现。

（2）ichartjs

ichartjs 是一款基于 HTML5 的图形库。使用纯 javascript 语言，利用 HTML5 的 Cnvas 标签绘制各式图形。ichartjs 为应用提供简单、直观、可交互的体验级图表组件。是 WEB/APP 图表展示方面的解决方案。ichartjs 正好适合 HTML5，ichartjs 目前支持饼图、环形图、折线图、面积图、柱形图、条形图。ichartjs 是基于 Apache License 2.0 协议的开源项目。项目地址：http://www. ichartjs.com/。

（3）D3. js

D3. js 是一个 JavaScript 库，D3. js 将数据展示在 HTML、SVG 和 CSS，项目地址：https://d3js. org/。

（4）Highcharts

Highcharts 是一个用纯 JavaScript 编写的图表库。Highcharts 能够很简单便捷地在 web 网站或 web 应用程序添加有交互性的图表，项目地址：https://www. highcharts.com/。

（5）Dygraphs

Dygraphs 是一个开源的 JavaScript 库，可产生交互式的、可缩放的时间序列图。它的目的是显示密集的数据集，项目地址：http://dygraphs.com/。

（6）Morris. js

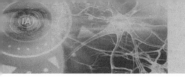

Morris. js 使用非常简单，提供了折线图、面积图、柱形图和饼图四种类型的图表，Morris. js 使用的是 SVG 或 VML 绘制图表，除此之外 Morris. js 还需要依赖 jQuery。项目地址：http：//morrisjs. github. io/morris. js/。

（7）CanvasJS

CanvasJS 支持 30 种类型的图表，可使用在 Phone、iPad、Android、Mac 和 PC，能产生轻量、美观和响应性强的仪表图表，并且比传统的基于 Flash/SVG 的图表库快 10 倍，项目地址：https：//canvasjs.com/，如图 5-22 所示。

图 5-22 CanvasJS 主页

5.8 滑动删除

Android 实现左滑出现删除选项，滑动删除的部分主要包含两个部分：一个是内容区域（用于放置正常显示的 view），另一个是操作区域（用于放置删除按钮）。默认情况下，操作区域是不显示的，内容区域的大小是填充整个容器，操作区域始终位于内容区域的右面。当开始滑动的时候，整个容器中的子 View 像在左滑动，显示操作区域。

SwipeLayout 是 Android 平台上的滑动布局，项目地址：https：//github.com/daimajia/AndroidSwipeLayout，是一个可以很方便使用滑动的库，典型的应用就是侧滑删除与侧滑菜单，在 Android 的开发中运用的场景很多。

登录网址 https：//github.com/daimajia/AndroidSwipeLayout，下载 AndroidSwipeLayout-master. zip 文件，在 version 目录下存放 xcl-Charts. jar 库文件和演示安装包 XCL-Charts-demo. apk。

在 Android Studio 中打开项目 AndroidSwipeLayout-master，其包括两个子项目：library 和 demo，选择菜单命令 Build > Build APK，如图 5-23 所示。

library 子项目和 demo 子项目的内容如图 5-24 所示，demo 子项目为滑动删除的演示。

在 Android Studio 主界面选择菜单命令 Build > Rebuild Project 和 Build > Build APK，完成以后生成两个文件：demo 子项目的 Android 安装文件 demo-debug. apk 和 library 子项目生成的 lib-debug. aar、lib-release. aar 文件，如图 5-25 所示。

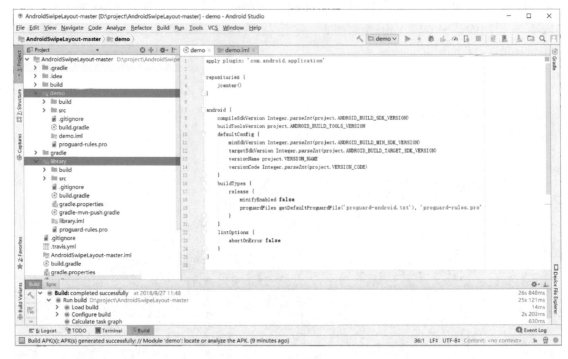

图 5-23　在 Android Studio 中编译项目 AndroidSwipeLayout-master

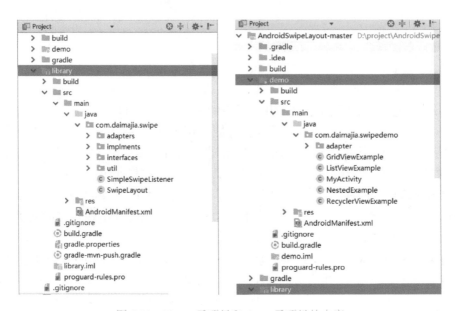

图 5-24　library 子项目和 demo 子项目的内容

<table>
</table>

AndroidSwipeLayout-master › demo › build › outputs › apk		AndroidSwipeLayout-master › library › build › outputs › aar	
名称	修改日期	名称	修改日期
demo-debug.apk	2018/8/27 11:48	library-debug.aar	2018/8/27 11:37
		library-release.aar	2018/8/27 11:48

图 5-25　生成的安装文件和库文件

生成的 demo-debug. apk 安装后运行结果如图 5-26 所示。

图 5-26　SwipeLayout 的 Demo 演示

SwipeLayout 滑动删除的方法参考项目 AndroidSwipeLayout-master 中的 demo 子项目。

5.9　GitHub 中优秀的开源动效项目

GitHub 上有一些优秀的开源动画项目，值得我们参考学习。

（1）android-pulltorefresh

一个强大的拉动刷新项目，支持多种控件下拉刷新，包括 ListView、ViewPager、WebView、ExpandableListView、GridView、ScrollView、Horizontal ScrollView、Fragment 上下左右拉动刷新，体验很好。项目地址：https：//github.com/chrisbanes/Android-PullToRefresh。Demo 地址：https：//github.com/Trinea/TrineaDownload/blob/master/pull-to-refreshview-demo. apk？raw = true。

（2）android-Ultra-Pull-to-Refresh

下拉刷新项目继承于 ViewGroup，可以包含任何 View，其功能甚至比 SwipeRefreshLayout 还要强大。使用起来非常简单，具有良好的设计，项目地址：https：//github.com/liaohuqiu/android-Ultra-Pull-To-Refresh。Demo 地址：https：//github.com/liaohuqiu/android-Ultra-Pull-To-Refresh/blob/master/ptr-demo/target/ultra-ptr-demo. apk？raw = true。

（3）DragSortListView

拖动排序的 ListView，同时支持 ListView 滑动、Item 删除、单选、复选。项目地址：https：//github.com/bauerca/drag-sort-listview。Demo 地址：https：//play. google.com/store/apps/details？id = com. mobeta. android. demodslv。

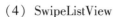

（4）SwipeListView

支持定义 ListView 左右滑动事件，支持左右滑动位移，支持动画，项目地址：https://github.com/47deg/android-swipelistview。Demo 地址：https://play. google.com/store/apps/details？id=com. fortysevendeg. android. swipelistview。

（5）RecyclerViewSwipeDismiss

轻量级支持 RecyclerView 的滑动删除行为，不需要修改源代码，只要简单地绑定 onTouchListener 即可，项目地址：https://github.com/CodeFalling/RecyclerViewSwipeDismiss。

（6）QuickReturnHeader

ListView/ScrollView 的 header 或 footer，当向下滚动时消失，向上滚动时出现，项目地址：https://github.com/ManuelPeinado/QuickReturnHeader。Demo 地址：https://github. com/Trinea/TrineaDownload/blob/master/quick-return-header-demo. apk？raw=true。

（7）ListViewAnimations

带 Item 项显示动画的 ListView，动画支持底部飞入、其他方向斜飞入、下层飞入、渐变消失、滑动删除等。项目地址：https://github.com/nhaarman/ListViewAnimations。Demo 地址：https://play. google.com/store/apps/details？id=com. haarman. listviewanimations。

（8）EnhancedListView

支持横向滑动删除列表项以及撤销删除的 ListView，项目地址：https://github.com/timroes/EnhancedListView。Demo 地址：https://play. google.com/store/apps/details？id=de. timroes. android. listviewdemo& rdid=de. timroes. android. listviewdemo。

（9）SwipeMenuListView

实现 ListView item 的侧滑菜单，项目地址：https://github.com/baoyongzhang/SwipeMenuListView。

（10）PullZoomView

支持 ListView、ScrollView 下拉的 HeaderView 缩放，项目地址：https://github.com/FrankZhu/PullZoomView。

（11）calendarListview

支持实现每个月一行日历效果的 ListView，项目地址：https://github.com/traex/CalendarListview。

（12）PullSeparateListView

当顶部或底部拉动时，实现 Item 间的相互分离，包括两种模式：全部分离的模式和部分分离模式，项目地址：https://github.com/chiemy/PullSeparateListView。

（13）ExpandableLayout

Header 和 Content Item 都可以展开的 ExpandableListview，项目地址：https://github.com/traex/ExpandableLayout。

（14）CustomSwipeListView

支持自定义菜单左滑弹出和右滑删除，支持自定义滑动动画时间和滑动触发事件的时机等。项目地址：https://github.com/xyczero/Android-CustomSwipeListView。

（15）Pull-to-Refresh. Rentals-Android

可以自定义的下拉刷新实现，项目地址：https://github.com/Yalantis/Pull-to-Refresh.

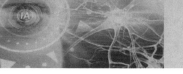

Rentals-Android。

（16） ExtractWordView

可以提取单词的 ListView，支持"放大镜"效果。项目地址：https://github.com/jcode-ing/ExtractWordView。

（17） FlyRefresh

实现 ListView、GridView、RecyclerView、ScrollView 下拉刷新，项目地址：https://github.com/race604/FlyRefresh。

（18） RecyclerViewSwipeDismiss

支持滑动 Item 操作、点击展开、拖动排序、展开后拖动排序等特性的 RecyclerView。项目地址：https://play.google.com/store/apps/details? id = com.h6ah4i.android.example.advrecyclerview。

（19） MenuDrawer

能实现拖动屏幕边缘滑出菜单，支持屏幕上下左右划出，支持当前 View 处于上下层，支持 ListView、ViewPager 变化滑出菜单。项目地址：https://github.com/SimonVT/android-menudrawer。Demo 地址：http://simonvt.github.io/android-menudrawer/。

（20） SlidingMenu

能实现拖动屏幕边缘滑出菜单，支持屏幕左右划出，支持菜单 Zoom、Scale、Slide up 三种动画样式。项目地址：https://github.com/jfeinstein10/SlidingMenu。Demo 地址：https://play.google.com/store/apps/details? id = com.slidingmenu.example。

（21） radial-menu-widget

圆形形状菜单，支持二级菜单，项目地址：https://code.google.com/p/radial-menu-widget/。

（22） FoldingNavigationDrawer

实现滑动折叠方式打开菜单，项目地址：https://github.com/tibi1712/FoldingNavigationDrawer-Android。Demo 地址：https://play.google.com/store/apps/details? id = com.ptr.folding.sample。

（23） NavigationDrawerSI

Navigation Drawer 的一个简单实现，滑动并以折叠方式打开菜单，项目地址：https://github.com/mmBs/NavigationDrawerSI。Demo 地址：https://play.google.com/store/apps/details? id = mmbialas.pl.navigationdrawersi。

（24） Side-Menu.Android

分类侧滑菜单，项目地址：https://github.com/Yalantis/Side-Menu.Android。

（25） Context-Menu.Android

带有动画效果的上下文菜单，项目地址：https://github.com/Yalantis/Context-Menu.Android。

（26） SlideBottomPanel

底部滑出菜单，当滑动时背景图透明度渐变，支持嵌套 LiewView 或 ScrollView，项目地址：https://github.com/kingideayou/SlideBottomPanel。

（27） ConvenientBanner

实现广告头效果的广告栏控件，可以设置自动翻页和时间，提供多种翻页特效。不需要对库源码进行修改就可以使用任何喜欢的网络图片库。项目地址：https://github.com/saiwubigkoo/Android-ConvenientBanner。

（28） JazzyViewPager

支持 Fragment 切换动画的 ViewPager，动画包括转盘、淡入淡出、翻页、层叠、旋转、方块、翻转、放大缩小等，效果类似于桌面左右切换，项目地址：https://github.com/jfeinstein10/JazzyViewPager。Demo 地址：https://github.com/jfeinstein10/JazzyViewPager/blob/master/JazzyViewPager.apk？raw = true。

（29） JellyViewPager

特殊切换动画的 ViewPager，项目地址：https://github.com/chiemy/JellyViewPager。

（30） FancyCoverFlow

支持 Item 切换动画效果，类似于 Gallery View，项目地址：https://github.com/david-schreiber/FancyCoverFlow。

（31） AndroidTouchGallery

支持双击或双指缩放的 Gallery，相比 PhotoView，在被放大后依然能滑到下一个 Item，并且支持直接从 URL 和文件中获取图片，项目地址：https://github.com/Dreddik/Android-TouchGallery。

（32） Android Auto Scroll ViewPager

Android 自动滚动循环播放的 ViewPager，项目地址：https://github.com/Trinea/android-auto-scroll-view-page。

（33） ViewPager3D

ViewPager3D 效果，项目地址：https://github.com/inovex/ViewPager3D。

（34） android_ page_ curl

翻书卷曲效果，项目地址：https://github.com/harism/android_ page_ curl。

（35） AndroidImageSlider

Android 图片滑动，项目地址：https://github.com/daimajia/AndroidImageSlider。

（36） RecyclerViewPager

继承 RecyclerView，可以自定义触发翻页的距离、翻页速度，支持垂直方向的 ViewPager，支持 Fragment。项目地址 https://github.com/lsjwzh/RecyclerViewPager。

（37） Android-DraggableGridViewPager

Item 可交换位置的 GridView，继承 ViewGroup 实现，类似于桌面的多屏效果，屏幕可自动左右滚动进行 Item 移动交换，项目地址：https://github.com/zzhouj/Android-DraggableGrid-ViewPager。

（38） SelectableRoundedImageView

允许 ImageView 四个角的每一个有不同的半径值。可以是椭圆形或圆形，项目地址：https://github.com/pungrue26/SelectableRoundedImageView。

（39） ImageViewZoom

支持放大和平移的 ImageView，项目地址：https://github.com/sephiroth74/ImageViewZoom。

（40） PhotoView

支持双指/双击缩放的 ImageView，支持从一个 PhotoView 缩放到另外一个 PhotoView，相对于其他 PhototView 有更加平滑的缩放、平移动画，并且支持所有的 ScaleType，项目地址：

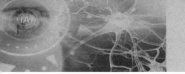

https://github.com/bm-x/PhotoView。

（41）ProgressWheel

支持进度显示的圆形 ProgressBar，项目地址：https://github.com/Todd-Davies/ProgressWheel。

（42）CircularProgressDrawable

带圆形进度显示的进度条，项目地址：https://github.com/Sefford/CircularProgressDrawable。

（43）circular-progress-button

带进度显示的 Button，项目地址：https://github.com/dmytrodanylyk/circular-progress-button。

（44）FancyButtons

漂亮按钮的库。项目地址：https://github.com/medyo/fancybuttons。Demo 地址：https://github.com/medyo/fancybuttons/tree/master/samples。

（45）SlideSwitch

状态切换的开关，开关也可以设置为矩形或用 View 实现，项目地址：https://github.com/Leaking/SlideSwitch。

（46）ExpandableTextView

可展开和收缩内容的 TextView。项目地址：https://github.com/Manabu-GT/Expandable-TextView。

（47）Discrollview

支持滚动 Item 淡入淡出、平移、缩放效果的 ScrollView，项目地址：https://github.com/flavienlaurent/discrollview。

（48）PullScrollView

下拉背景伸缩回弹效果的 ScrollView，项目地址：https://github.com/MarkMjw/PullScroll-View。

（49）ParallaxScrollView

支持视差滚动的 ScrollView，背景图片的滚动速度小于 ScrollView 中子控件的滚动速度，项目地址：https://github.com/chrisjenx/ParallaxScrollView。

（50）android-flip

类似于 Flipboard 翻转动画的实现，项目地址：https://github.com/openaphid/android-flip。

（51）FlipImageView

支持 x、y、z 及动画选择的翻转动画的实现，项目地址：https://github.com/castorflex/FlipImageView

（52）FlipViewPager. Draco

Flip 翻转效果的 ViewPager，项目地址：https://github.com/Yalantis/FlipViewPager. Draco。

（53）SwipeBackLayout

左右或向上滑动返回的 Activity，项目地址：https://github.com/Issacw0ng/SwipeBackLay-out。

（54）EasyAndroidAnimations

针对 View 的各种动画，项目地址：https://github.com/2359media/EasyAndroidAnima-tions。

（55）ViewAnimation

对 Android View 动画进行封装，可自定义运动路径，项目地址：https://github.com/guo-huanwen/ViewAniamtion。

（56）android-phased-seek-bar

支持预先定义状态的 SeekBar，项目地址：https://github.com/ademar111190/android-phased-seek-bar。

（57）Swipeable Cards

类似 Tinder 的卡片效果，可以加载图片并动画效果展示，项目地址：https://github.com/kikoso/Swipeable-Cards。

（58）Android-Anim-Playground

实现几种动画效果，项目地址：https://github.com/Tibolte/Android-Anim-Playground。

（59）road-trip

实现复杂路径动画效果，项目地址：https://github.com/romainguy/road-trip。

（60）TileView

可分块显示大图，支持 2D 拖动、双击、双指放大、双指捏合，项目地址：https://github.com/moagrius/TileView。

（61）AndroidFaceCropper

图片脸部自动识别，将识别后的局部图片返回，项目地址：https://github.com/lafosca/AndroidFaceCropper。

5.10　本章小结

本章介绍了 APP 典型基础动效的制作方法，APP 图表的各种实现方法，以及 GitHub 上优秀的开源动效项目。

第6章

APP进阶动效

前面介绍了基础动效的制作，在前面的基础上，本章进一步介绍综合应用各种基础动效制作更复杂的 APP 动效。

6.1 图标

本节主要介绍图标的制作方法。

6.1.1 PS 打造相机图标

Photoshop（PS）是一款功能强大的图像处理软件，下面介绍使用 PS 制作相机图标的两种常用的方法。

1. 使用图层样式制作

PS 的图层样式如图 6-1 所示，包括 10 个样式。图 6-2 所示的相机图标采用了 3 种图层样式：斜面与浮雕、内阴影和渐变叠加。

 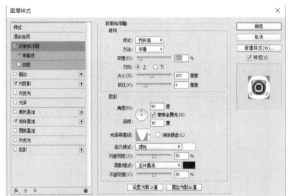

图 6-1　PS 图层样式　　　　　　　图 6-2　相机图标

图 6-2 相机图标的制作过程如下。

（1）新建一个 PS 文件，添加一个像素为 200×200，圆半径为 40px 的圆角矩形。设置"渐变叠加"图层样式，如图 6-3 所示。

（2）设置"等高线"图层样式，如图 6-4 所示。

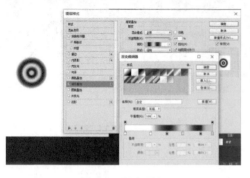

图 6-3　渐变叠加　　　　　　　　　　　　　图 6-4　等高线

（3）设置图层样式"斜面与浮雕"和"内阴影"，如图 6-5 和 6-6 所示。

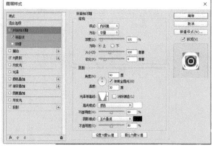

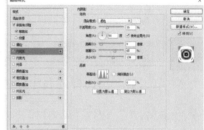

图 6-5　斜面与浮雕　　　　　　　　　　　　图 6-6　内发光

2. 使用矩形和圆形工具制作

使用 PS 的矩形和多个不同直径和填充色的圆形制作图标，如图 6-7 所示。

3. 导出图标

图标制作完成后，在 Photoshop 主界面，选中需要导出的图层，选择菜单命令"新建"＞"导出"＞"导出为 PNG"，将图层导出为 PNG 文件，PNG 为一种图像格式，它的背景可以是透明的，如图 6-8 所示。

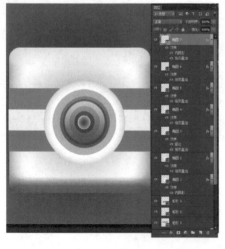

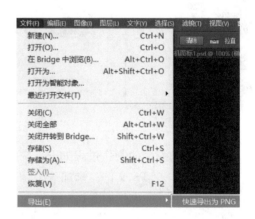

图 6-7　矩形和圆形工具制作相机图标　　　　　图 6-8　导出图标

插件 GenerateIcons. jsx 也可以导出图标，在 Photoshop 主界面中选择菜单命令"文件" > "脚本" > "浏览"，在打开的窗口中执行 GenerateIcons. jsx，弹出如图 6-9 所示的窗口，选择保存目录，单击"确定"按钮即可。

图 6-9　插件 GenerateIcons. jsx 导出图标

6.1.2　AI 打造动感立体图标

Adobe Illustrator（AI）是一款绘图软件，有强大的图形处理功能，可以创建复杂的艺术作品、图解、图形和页面设计、多媒体以及 Web 页面。Adobe Illustrator 提供了强大的绘图着色和效果工具，AI 可以填充各种颜色、渐变色和图案，制作 3D 立体效果，如图 6-10 所示。

图 6-10　AI 的着色工具和效果工具

下面使用 AI 制作一个音乐图标。

（1）制作圆形底座。在 AI 主界面中选择菜单命令"窗口">"符号"，打开"符号"窗口，选择符号"照亮的橙色"，拖入主窗口，选择菜单命令"效果">"3D">"突出与斜角"，制作斜角，如图 6-11 所示。

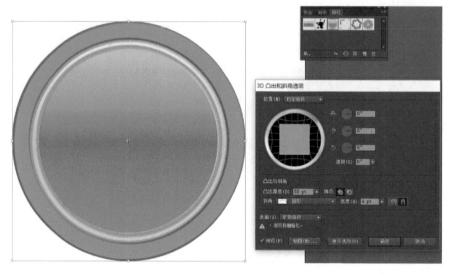

图 6-11　制作圆形底座

（2）制作音乐符号。在"符号"窗口中，选择"微标元素"，在弹出的窗口中选择"乐符"，拖入主窗口，如图 6-12 所示。

图 6-12　制作音乐符号

（3）输出文件。在 AI 主界面中选择菜单命令"文件">"存储为"，选择 SVG 格式，如图 6-13 所示。

图 6-13　文件输出

在 Android 中可使用 AI 制作的 SVG 格式矢量图文件，下面介绍在 Android 的开发环境 Android studio 中导入矢量 SVG 的方法。

（1）在 Android studio 中选择菜单命令 File > Settings > Plugins，在 Plugins 中查找 SVG2VectorDrawable 插件，单击 Intall 按钮并安装，如图 6-14 所示。

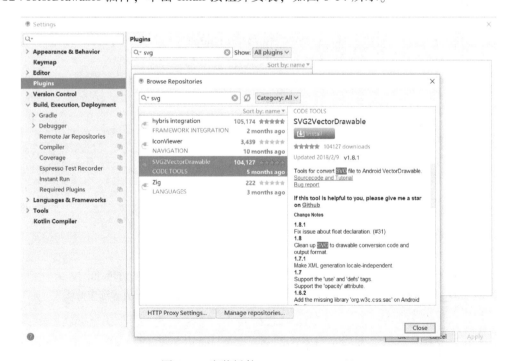

图 6-14　安装插件 SVG2VectorDrawable

（2）安装完成后，重启 Android studio，在工具栏中出现工具图标 SVG，单击图标，打开导入 SVG 界面，单击 Generate 按钮即可导入，如图 6-15 所示。

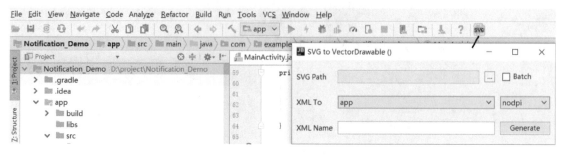

图 6-15　导入 SVG 文件

6.2　导航和菜单动效

菜单在 APP 中使用很广泛，可以简化界面的布局，方便用户的操作。下面介绍一些典型的案例。

 ### 6.2.1　BottomTabBar 实现导航动效

BottomTabBar 可以轻松实现底部导航动效，实现步骤如下。

（1）添加 BottomTabBar 库，在 Android Studio 项目的 app 的 build. gradle 文件的 dependencies 闭包添加引用。

```
dependencies {
    implementation fileTree(dir: 'libs', include: ['*.jar'])
    implementation 'com. android. support:appcompat-v7:26.1.0'
    implementation  'com. hjm:BottomTabBar:1. 2. 2'
    ...
}
```

（2）在主布局文件定义 BottomTabBar 组件并设置属性。

```
<com. hjm. bottomtabbar. BottomTabBar
  android:id = "@ +id/bottom_tab_bar"
  android:layout_width = "match_parent"
  android:layout_height = "match_parent"
  hjm:tab_img_font_padding = "0"              //图片文字间隔
  hjm:tab_img_height = "50px"                 //图片高度
  hjm:tab_selected_color = "#ff0000"                //选中的颜色
  hjm:tab_unselected_color = "@ color/colorPrimary"/ >      //未选中的颜色

/ >
```

（3）定义每个选项的类文件，举例如下。

```
public classOneFragment extends Fragment{
```

```
    @Nullable
    @Override
    public View onCreateView(LayoutInflater inflater, @Nullable ViewGroup con-
tainer, @Nullable Bundle savedInstanceState) {
        View view = inflater.inflate(R.layout.fragment1, container, false);
        return view;
    }
}
```

（4）定义每个选项的布局，举例如下。

```
<FrameLayout xmlns:android=http://schemas.android.com/apk/res/android
    xmlns:app=http://schemas.android.com/apk/res-auto
    xmlns:tools=http://schemas.android.com/tools
    android:layout_width="match_parent"
    android:layout_height="match_parent"
    tools:context="com.example.hefugui.bottomtabbar_demo.fragment.OneFragment">
    <ImageView
        android:id="@+id/imageView"
        android:layout_width="wrap_content"
        android:layout_height="wrap_content"
        android:src="@drawable/p1"/>
</FrameLayout>
```

（5）在主 Activity 中处理代码。

```
mBottomBar = findViewById(R.id.bottom_tab_bar);
mBottomBar.init(getSupportFragmentManager())
        .setChangeColor(Color.parseColor("#FF00F0"),Color.parseColor("#CCCCCC"))
.addTabItem("第一项", R.mipmap.home_selected, R.mipmap.home, OneFragment.class)
        .addTabItem("第二项", R.mipmap.ic_common_tab_hot_select, R.mipmap.ic_com-
mon_tab_hot_unselect, TwoFragment.class)
        .addTabItem("第三项", R.mipmap.ic_common_tab_user_select, R.mipmap.ic_com-
mon_tab_user_unselect, ThreeFragment.class)
        .setOnTabChangeListener(newBottomTabBar.OnTabChangeListener() {
            @Override
            public voidonTabChange(int position, String name, View view) {

            }
        })
```

（6）运行结果，如图 6-16 所示，完整项目参考本书代码 BottomTabBar_Demo。

6.2.2 DrawerLayout 和 Navigation View 实现 Android 策划菜单

DrawerLayout 是 Support Library 包中实现侧滑菜单效果的控件，可以说 drawerLayout 是在第三方控件如 MenuDrawer 等出现之后，Google 借鉴而出现的产物。drawerLayout 分为侧边菜

图 6-16   BottomTabBar 实现底部导航

单和主内容区两部分，侧边菜单可以根据手势展开与隐藏，主内容区的内容可以随着菜单的点击而变化。

　　做侧滑菜单的时候，左边滑出来的那一部分的布局是由自己来定义的，Google 最新推出规范式设计中的 NavigationView 和 DrawerLayout 结合实现侧滑菜单栏效果，就是左边滑出来的那个菜单。这个菜单整体上分为两部分，上面部分叫作 HeaderLayout，下面的那些点击项都是Menu，如图 6-17 所示。

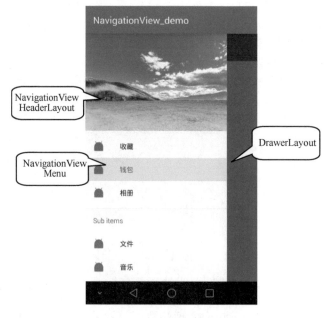

图 6-17   侧滑菜单

下面是一个 Android 侧滑菜单的主 Activity 的布局实例。

```xml
<? xml version = "1.0" encoding = "utf-8"? >
< android. support. v4. widget. DrawerLayout
  xmlns:android = "http://schemas. android.com/apk/res/android"
  xmlns:app = "http://schemas. android.com/apk/res-auto"
  xmlns:tools = "http://schemas. android.com/tools"
  android:layout_width = "match_parent"
  android:layout_height = "match_parent"
  tools:context = "org. mobiletrain. drawerlayout. MainActivity" >
  /* ------------------------drawerLayout 内容部分---------------* /
< LinearLayout
    android:layout_width = "match_parent"
    android:layout_height = "match_parent"
    android:orientation = "vertical" >
     < TextView
       android:layout_width = "wrap_content"
       android:layout_height = "wrap_content"
       android:text = "主页面"/ >
</LinearLayout >
/* ------------------------drawerLayout 内容部分结束---------------* /
/* ------------------------drawerLayout 左侧菜单部分---------------* /
   < android. support. design. widget. NavigationView
   android:id = "@ +id/navigation_view"
   android:layout_width = "wrap_content"
   android:layout_height = "match_parent"
   android:layout_gravity = "left"    //左侧菜单
   android:fitsSystemWindows = "true"
   app:headerLayout = "@ layout/header_layout"   //头部(上部)
     app:menu = "@ menu/main" >    //菜单(下部)
   </android. support. design. widget. NavigationView >
/* ------------------------drawerLayout 左侧菜单部分结束---------------* /
</android. support. v4. widget. DrawerLayout >
```

DrawerLayout 最好为界面的根布局,主内容区的布局代码要放在侧滑菜单布局的前面,因为 XML 顺序意味着按 Z 序(层叠顺序)排序,并且抽屉式导航栏必须位于内容顶部。侧滑菜单部分的布局(这里是 NavigationView)必须设置 layout_gravity 属性,表示侧滑菜单是在左边还是右边,如果不设置,则在打开关闭抽屉的时候会报错,只有设置了 layout_gravity = " start/left" 的视图才会被认为是侧滑菜单。

6. 2. 3　jQuery 和 CSS3 制作手风琴折叠菜单

手风琴折叠菜单由 3 部分构成:HTML 代码、CSS 代码和 jQuery 代码,作用如下。

(1) HTML 代码实现菜单项和折叠项。

(2) CSS 代码实现显示格式。

（3）jQuery 实现手风琴折叠动效。

HTML 代码实现菜单项和折叠项的代码如下。

```html
<ul id = "accordion" class = "accordion" >
    <li >
        <div class = "link" > <i class = "fa fa-paint-brush" > </i >蔬菜 <i class = "fa
fa-chevron-down" > </i > </div >
        <ul class = "submenu" >
          <li > <a href = "#" >西红柿 </a > </li >
          <li > <a href = "#" >白菜 </a > </li >
          <li > <a href = "#" >豆角 </a > </li >
          <li > <a href = "#" >菠菜 </a > </li >
        </ul >
    </li >
    <li >
        <div class = "link" > <i class = "fa fa-code" > </i >水果 <i class = "fa
fa-chevron-down" > </i > </div >
        <ul class = "submenu" >
          <li > <a href = "#" >苹果 </a > </li >
          <li > <a href = "#" >香蕉 </a > </li >
          <li > <a href = "#" >橘子 </a > </li >
          <li > <ahref = "#" >葡萄 </a > </li >
        </ul >
    </li >
    <li >
        <div class = "link" > <i class = "fa fa-globe" > </i >电脑 <i class = "fa
fa-chevron-down" > </i > </div >
        <ul class = "submenu" >
          <li > <a href = "#" >台式机 </a > </li >
          <li > <a href = "#" >一体机 </a > </li >
          <li > <a href = "#" >笔记本 </a > </li >
          <li > <a href = "#" >游戏本 </a > </li >
        </ul >
    </li >
</ul >
```

jQuery 实现手风琴折叠动效的代码如下。

```javascript
$ (function() {
  var Accordion = function(elm, multiple) {
    this.el = elm || {};
    this.multiple = multiple || false;
    var links = this.el.find('.link');
      links.on('click', {elm: this.el, multiple: this.multiple}, this.dropdown)
  }
```

```
Accordion. prototype. dropdown = function(ep) {
    var $ el = ep. data. el;
        $ this = $ (this),
        $ next = $ this. next();
    $ next. slideToggle();
    $ this. parent(). toggleClass('open');
    if (! ep. data. multiple) {
        $ el. find('. submenu'). not($ next). slideUp(). parent(). removeClass('open');
    };
  }
  var accordion = new Accordion($ ('#accordion'), false);
});
```

实现效果如图 6-18 所示。

图 6-18　jQuery 和 CSS3 制作的手风琴折叠菜单

 6. 2. 4　jQuery 和 CSS3 实现导航菜单

　　jQuery 和 CSS3 实现导航菜单由 3 部分构成：HTML 代码、CSS 代码和 jQuery 代码，作用与前面相同。

　　实现导航项和菜单项的 HTML 代码如下。

```
< div class = "dropdownhiden" >
  < div class = "content clear hidden" >
    < div class = "item-brands" >
      < div class = "item-channels" >
        < div class = "channels" >
            < ahref = "#" >图书 < span > &gt; </ span > </ a >
            < ahref = "#" >音响 < span > &gt; </ span > </ a >
            < ahref = "#" >电子书 < span > &gt; </ span > </ a >
            < ahref = "#" >精选图书 < span > &gt; </ span > </ a >
            < a href = "#" >流行音乐 < span > &gt; </ span > </ a >
        </ div >
      </ div >
    < div class = "subitems" >
```

```
<dl class="sub1">
  <dt><ahref="#">文字<span>&gt;</span></a></dt>
    <dd>
        <ahref="#" target="_blank">小说</a>
        <ahref="#" target="_blank">散文随笔</a>
        <ahref="#" target="_blank">青春文学</a>
        <ahref="#" target="_blank">传记</a>
        <ahref=#" target="_blank">动漫</a>
        <ahref="#" target="_blank">科幻</a>
        <ahref="#" target="_blank">武侠</a>
    </dd>
</dl>
<dl class="sub2">
  <dt><ahref="#">教材教辅<span>&gt;</span></a></dt>
    <dd>
        <ahref="#" target="_blank">教材</a>
        <a href="#" target="_blank">教辅</a>
        <ahref="#" target="_blank">考试</a>
        <ahref="#" target="_blank">外语学习</a>
        <a href=#" target="_blank">课外读物</a>
    </dd>
</dl>
<dl class="sub3">
    <dt><ahref="#">人文社科<span>&gt;</span></a></dt>
      <dd>
        <a href="#" target="_blank">历史</a>
        <a href="#" target="_blank">地理</a>
        <a href="#" target="_blank">军事</a>
        <a href="#" target="_blank">政治</a>
        <a href=#" target="_blank">传统文化</a>
        <a href="#" target="_blank">社会科学</a>
      </dd>
</dl>
<dl class="sub4">
    <dt><a href="#">艺术<span>&gt;</span></a></dt>
      <dd>
        <a href="#" target="_blank">绘画</a>
        <a href="#" target="_blank">摄像</a>
        <a href="#" target="_blank">书法</a>
        <a href="#" target="_blank">音乐</a>
        <a href=#" target="_blank">建筑艺术</a>
        <a href="#" target="_blank">影视</a>
      </dd>
```

```
        </dl>
    <dl class="sub5">
        <dt><ahref="#">教育培训<span>&gt;</span></a></dt>
        <dd>
            <a href="#" target="_blank">中心学教育</a>
            <a href="#" target="_blank">出国留学</a>
            <a href="#" target="_blank">语言培训</a>
            <a href="#" target="_blank">学历教育</a>
            <a href=#" target="_blank">职业培训</a>
            <a href="#" target="_blank">网上皎月</a>
        </dd>
    </dl>
    </div>
```

jQuery 的代码如下。

```
$(function(){
  var $tabItem = $('#things.main-item');   //导航条
  var $fmaint = $('#things.content');   //内容部分
  var $at = $('#variety a');
  var $spant = $('#variety span');
  var $dropdown = $('.dropdown');
   $tabItem.each(function (index) {   //给每个导航条添加鼠标移入移除事件
      $(this).mouseover(function () {
          $dropdown.removeClass('hiden');
          $(this).addClass('showLi');
          $fmaint.eq(index).removeClass('hiden').siblings().addClass('hiden');
          $at.eq(index).addClass('showA');
          $spant.eq(index).addClass('showSpan');
   }).mouseout(function () {
       $dropdown.addClass('hiden');
       $(this).removeClass('showLi');
       $fmaint.eq(index).addClass('hiden');
       $at.eq(index).removeClass('showA');
       $spant.eq(index).removeClass('showSpan');
   });
});
$fmaint.each(function (index) {//给每个内容添加鼠标移入移除事件
  $(this).mouseover(function () {
      $dropdown.removeClass('hiden');
      $tabItem.eq(index).addClass('showLi');
      $fmaint.eq(index).removeClass('hiden').siblings().addClass('hiden');
      $at.eq(index).addClass('showA');
      $spant.eq(index).addClass('showSpan');
  }).mouseout(function () {
```

```
        $ dropdown.addClass('hiden');
        $ at.eq(index).removeClass('showA');
        $ spant.eq(index).removeClass('showSpan');
        $ tabItem.eq(index).removeClass('showLi');
        $ fmaint.eq(index).addClass('hiden');
      });
    });
})
```

实现效果如图 6-19 所示。

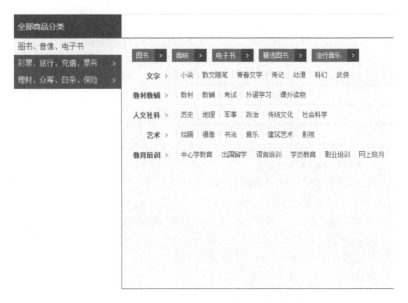

图 6-19　jQuery 和 CSS3 实现导航菜单

6.3　Loading 动效

  Loading 动效是一种常用的动效，用于等待下载文件、应用程序启动和运行一些长时间的运算等场景，常见的 Loading 进度条有 3 种：圆形进度条、条形进度条和动画效果进度条。进度条通常配合百分比数字，让用户对当前加载进度和剩余等待时间有个明确的心理预期。如果在 Loading 时配上一个形象的动效，用户会更喜欢这样的形式，例如用可爱的奔跑人物转载动效来告诉用户耐心等待。当然，创意是无止境的，很多 Loading 动效同时融合了几种形式，提升用户的体验。

 ### 6.3.1　Android 中进度条

  在 Android Studio 组件列表中有四种进度条：ProgressBar、ProgressBar（Horizontal）、Seek-Bar、SeekBar（Horizontal），如图 6-20 所示。

  Android 进度条 ProgressBar 可以自定义设置一些动画效果，例如自定义进度条的颜色变化、自定义进度条的背景为一个 Drawable 动画等。

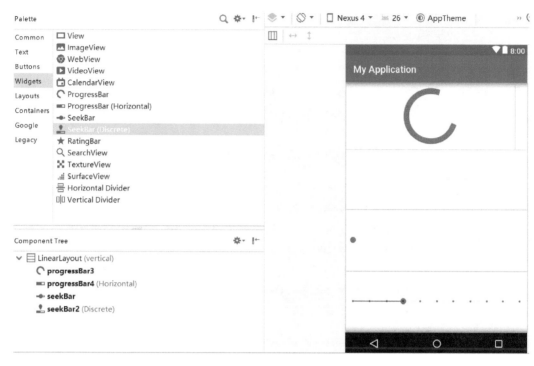

图 6-20　Android 进度条

（1）自定义进度条的颜色变化

定义 res/drawable/progress1. xml 文件，代码如下。

```
<? xml version = "1.0" encoding = "utf-8"? >
<rotate xmlns:android = http://schemas. android.com/apk/res/android
    android:fromDegrees = "0"
    android:pivotX = "50%"    //表示缩放/旋转起点 X 轴坐标在当前控件的左上角加上自己宽度
的 50%
    android:pivotY = "50%"
    android:toDegrees = "360" >
    <shape
        android:innerRadiusRatio = "3"    //内环的比例
        android:shape = "ring"    // 值有四种:rectangle(长方形)、oval(椭圆)、line(线条)
和 ring(圆环)
        android:thicknessRatio = "8"
        android:useLevel = "false" >
        <gradient
            android:centerColor = "#FFFFFF"
            android:centerY = "0.50"
            android:endColor = "#FF9900"
            android:startColor = "#0000FF"
            android:type = "sweep"    // android:type = ["linear" | "radial" | "
sweep"]    表示线性渐变(默认)/放射渐变/扫描式渐变
```

```
        android:useLevel = "false"/>
    </shape>
</rotate>
```

（2）自定义动画

定义 res/drawable/loading. xml 文件，代码如下。

```
<? xml version = "1.0" encoding = "UTF-8"? >
<animation-list android:oneshot = "false"
    xmlns:android = "http://schemas.android.com/apk/res/android">
    <item android:duration = "50" android:drawable = "@drawable/t1"/>
    <item android:duration = "50" android:drawable = "@drawable/t2"/>
    <item android:duration = "50" android:drawable = "@drawable/t3"/>
    <item android:duration = "50" android:drawable = "@drawable/t4"/>
    <item android:duration = "50" android:drawable = "@drawable/t5"/>
    <item android:duration = "50" android:drawable = "@drawable/t6"/>
    <item android:duration = "50" android:drawable = "@drawable/t7"/>
    <item android:duration = "50" android:drawable = "@drawable/t8"/>
</animation-list>
```

（3）在主布局文件中使用

```
<? xml version = "1.0" encoding = "utf-8"? >
<LinearLayout xmlns:android = http://schemas.android.com/apk/res/android
    android:layout_width = "match_parent"
    android:layout_height = "match_parent"
    android:orientation = "vertical" >
    <ProgressBar
        android:id = "@ + id/progressBar1"
        style = "? android:attr/progressBarStyle"
        android:layout_width = "236dp"
        android:layout_height = "30dp"
        android:layout_weight = "1"
        android:indeterminateDrawable = "@drawable/progress1"
        />
    <ProgressBar
        android:id = "@ + id/progressBar2"
        style = "? android:attr/progressBarStyle"
        android:layout_width = "272dp"
        android:layout_height = "wrap_content"
        android:layout_weight = "1"
        android:indeterminateDrawable = "@drawable/loading"
        />
</LinearLayout>
```

执行效果如图 6-21 所示。

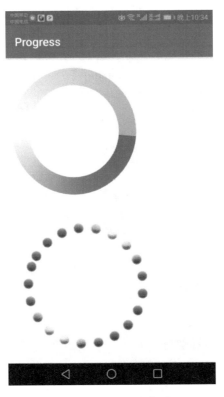

图 6-21　自定义进度条动画

6.3.2　Progress Wheel

ProgressWheel 是一个开源项目，为开发者提供扁平化的 ProgressBar 和多样化的圆形滚动条，并可对其进行深度定制，项目 ProgressWheel 的网址：https://github.com/Todd-Davies/ProgressWheel，项目 ProgressWheel 典型效果如图 6-22 所示。

图 6-22　ProgressWheel 典型效果

ProgressWheel 的使用步骤如下。

（1）下载开源项目：https://github.com/Todd-Davies/ProgressWheel。

（2）将其中的 ProgressWheel. java 拷贝到项目的 Java 文件目录下。

（3）将其中的 attrs. xml 文件拷贝到项目的 res/values 目录下。

（4）在布局文件中声明空间。

xmlns：ProgressWheel = " http：//schemas. android.com/apk/res-auto/源代码包路径 "

（5）在布局文件中定义控件。

```
<ProgressWheel. java 文件及路径
    android:id = "@ +id/pw_spinner"
    android:layout_width = "260dp"
    android:layout_height = "180dp"
    android:layout_centerInParent = "true"
    ProgressWheel:barColor = "#ff0000"
    ProgressWheel:contourColor = "#00ff00"
    ProgressWheel:rimColor = "#008888"
    ProgressWheel:rimWidth = "30dp"   / >
```

（6）在主 Activity 代码中使用控件。

```
ProgressWheel wheel = (ProgressWheel) findViewById(R. id. pw_spinner);
wheel. spin();//使控件开始旋转
//wheel. setProgress(180);//设置进度
//wheel. incrementProgress();//增加进度
//wheel. spin();//开始旋转
//wheel. stopSpinning();//停止旋转
```

执行效果如图 6-23 所示。

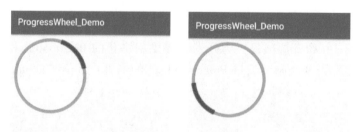

图 6-23　ProgressWheel 示例

6.3.3　AE 制作水波纹 Loading

AE 水波纹效果的实现可采用 AE 的内置效果：置换图 + 无线电波或波形变形。下面介绍第一种方法。

（1）新建一个合成"无线电波"，新建一个纯色图层，添加"无线电波"和"高斯模糊"特效，适当设置参数，如图 6-24 所示。

（2）新建合成"水波"，新建一个纯色（蓝色）图层，高度为合成的一半，将合成"无线电波"置于"蓝色"图层之上，为"蓝色"图层添加效果"置换图"，设置置换图层为"无线电波"，如图 6-25 所示。

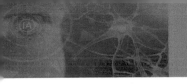

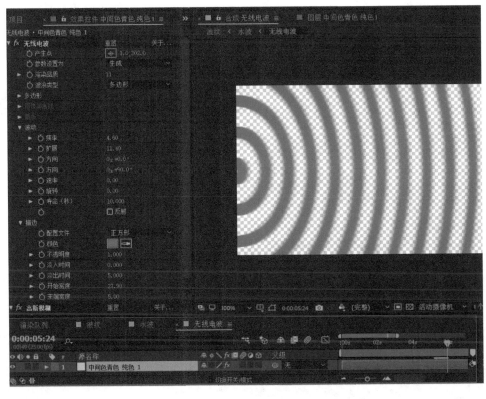

图 6-24 合成"无线电波"制作

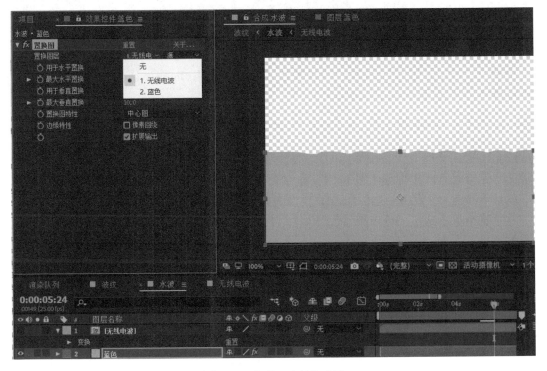

图 6-25 合成"水波"制作

（3）新建合成"波纹"，将合成"水波"置于其中，使用圆角矩形工具画一个圆角矩形，将合成"水波"图层的"轨道遮罩"设置为"Alpha 遮罩'形状图层 1'"，将"形状图层 1"前面的关闭，如图 6-26 所示。

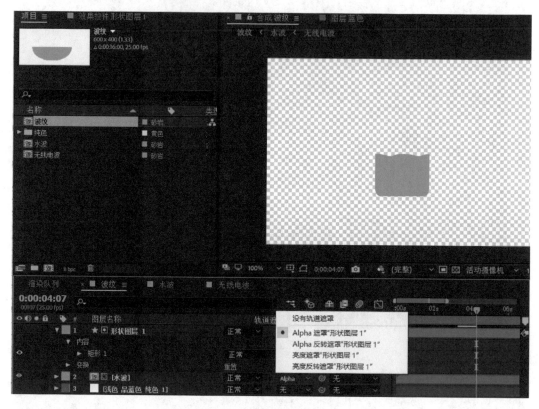

图 6-26　合成"波纹"制作

最后完成输出操作，AE 可输出为视频格式，也可使用 Bodymovin 插件输出 Json 文件格式的动画文件，之后在 Android 中使用即可。

6.3.4　AE 插件 Loadup 轻松创建各式 Loading 进度条

Loadup 是一款既方便又快捷的创建加载进度条脚本工具，在制作 UI 元素、信息图表元素等图形元素时可以发挥很大的作用，能够轻松制作出所需的形状和文本内容，支持自定义。网址：https://aescripts.com/loadup/，如图 6-27 所示。

在主页中单击按钮 TRY 可下载试用版，下载文件为 loadup_v1.51.zip，包括两个文件：LoadUP.jsxbin（脚本文件）和 LoadUP v1.51 - User Guide.pdf（使用指南），将 LoadUP.jsxbin 拷贝到 C:\Program Files\Adobe\Adobe After Effects CC 2018\Support Files\Scripts\ScriptUI Panels 目录下，然后重新启动 AE，选择菜单命令"窗口">"LoadUP.jsxbin"，弹出制作窗口，如图 6-28 所示。

在 LoadUP 窗口中选择创建的 Loading 类型，单击下部按钮 Create Bar，会在 AE 的合成中创建 Loading 相应的图层。在 LoadUP 窗口中单击按钮 Presets，弹出内置的 Loading，包括典型的条形和圆形 Loading，如图 6-29 所示。

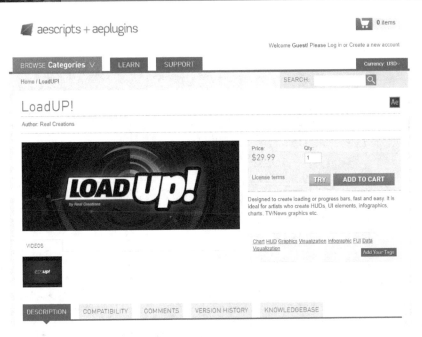

图 6-27　Loadup 主页

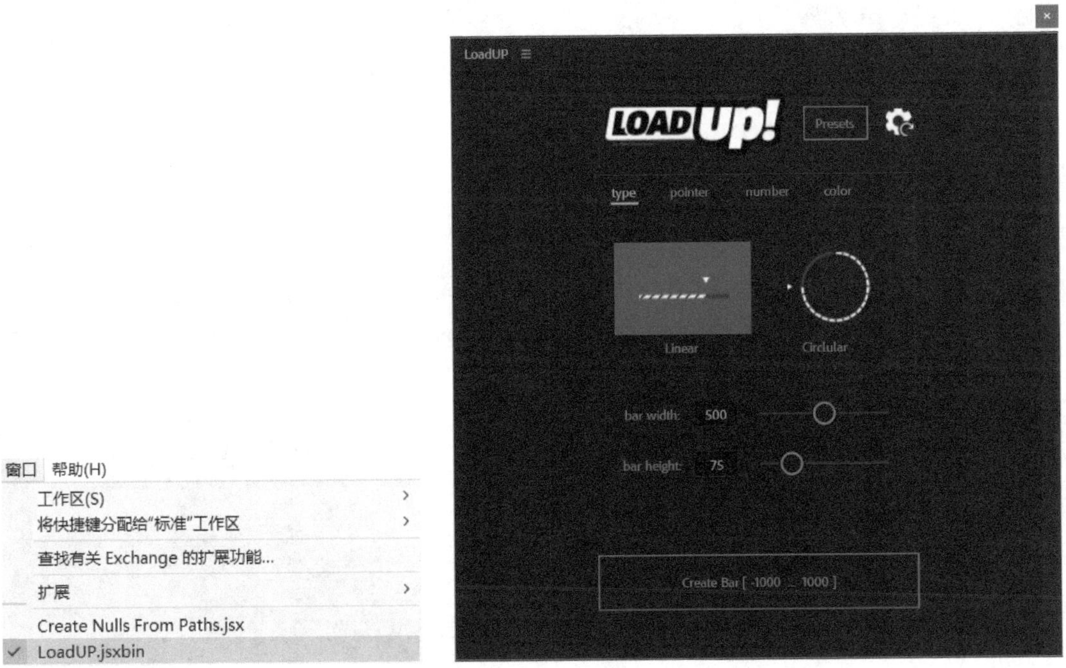

图 6-28　LoadUP 启动

　　LoadUP 创建 Loading 后，在 AE 的合成中即创建 Loading 相应的图层，一般有两个图层：文本层和形状图层，选中形状图层，打开"效果控件"窗口，可以看到所有的效果属性，可以根据需要修改其中的属性，制作关键帧动画，可以修改文字层中的文字，如图 6-30 所示。

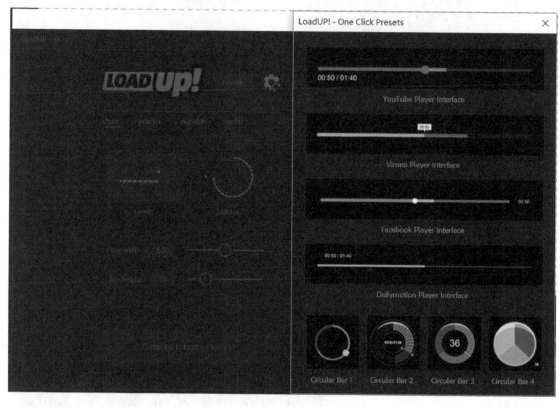

图 6-29　LoadUP 内置的 Loading

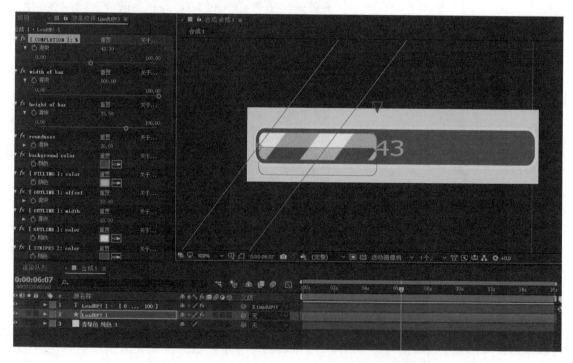

图 6-30　LoadIUP 创建 LoadingAE 的合成中相应的图层

制作完成后要进行输出操作，AE 可输出为视频格式，也可使用 Bodymovin 插件输出 Json 文件格式的动画文件，之后在 Android 中使用即可。

6.4　手势动画

用户在屏幕上的所有操作都会转换为各类屏幕交互事件，屏幕交互事件主要有如下几种类型。

（1）键盘按键、鼠标点击生成按键事件。

（2）鼠标在屏幕上的停留、滑动等事件。

（3）鼠标滚轮的滚动产生的事件。

（4）当用户用手指或触控笔在触屏设备设备屏幕上操作时产生的触屏事件。

　6.4.1　Android 手势动画

手势既触摸屏事件，对用户而言是一个很便捷的操作，苹果原生支持这类事件，而 Android 不支持，所以只能通过 APP 开发者来完成，Android 的触摸屏事件按照动作可以分为三类：（1）手指在屏幕上移动；（2）手指按到屏幕上；（3）手指离开屏幕，典型事件有单击、滑动、长按、双击等。

Android 触摸事件监听主要有 3 种类型：Activity 类、View 类及 OnTouchListener 接口。Activity 类和 View 类事件监听的方法是 onTouchEvent（MotionEvent event），OnTouchListener 接口事件监听的方法是 onTouch（MotionEvent event），如图 6-31 所示。

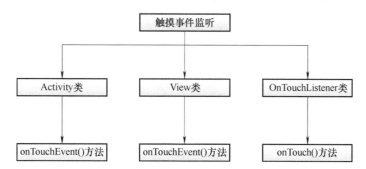

图 6-31　Android 触摸事件监听

当一个 View 绑定了 OnTouchListener 后，在有 Touch 事件触发时，会调用 onTouch()方法。重写 Acitivity 的 onTouchEvent()方法后，当屏幕有 Touch 事件时，此方法就会被调用。当 onTouch()方法和 onTouchEvent()方法同时存在时，首先执行 onTouch()方法，如果这个方法返回 False，表示事件处理失败，该事件就会被传递给 Activity 中的 onTouchEvent()方法来处理，如果该方法返回 True，表示该事件已经被 onTouch()函数处理完，不会上传到 activity 中处理。

Android 专门提供了 GestureDetector 类来处理一些基本的触摸手势（ScaleGestureDetector 可以识别缩放手势），可以很方便地实现手势控制功能。GestureDetector 类的手势事件处理是通过接口 OnGestureListener 和 OnDoubleTapListener 实现的，如图 6-32 所示。

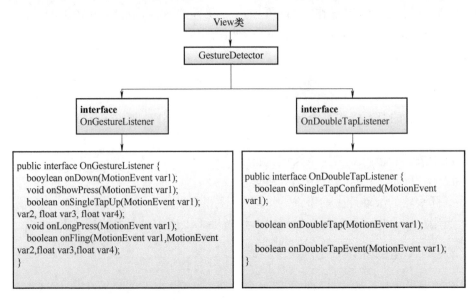

图 6-32　GestureDetector 类

GestureDetector 的使用方法如下。

（1）自定义 GestureDetector 的监听器，实现 OnGestureListener 接口。

```
class SelfGestureListener implements GestureDetector.OnGestureListener {
    @Override
    public booleanonDown(MotionEvent e) {
        return false;
    }
    @Override
    public voidonShowPress(MotionEvent e) {
    }
    @Override
    public booleanonSingleTapUp(MotionEvent e) {
        return false;
    }
    @Override
     public booleanonScroll(MotionEvent e1, MotionEvent e2, float distanceX,
float distanceY) {
        return false;
    }
    @Override
    public voidonLongPress(MotionEvent e) {
    }
    @Override
    public booleanonFling(MotionEvent e1, MotionEvent e2, float velocityX, float
velocityY) {
```

```
        return false;
    }
}
```

（2）定义 GestureDetector 类并初始化。

```
GestureDetector myGestureDetector = new GestureDetector(mContext,new SelfGes-
tureListener());
```

Android 提供的 ScaleGestureDetector 类专门用来检测两个手指在屏幕上做缩放的手势，通过接口 OnScaleGestureListener 的 onScale()方法检测屏幕上做缩放的手势。

接口 OnScaleGestureListener 的定义如下。

```
public interface OnScaleGestureListener {
    boolean onScale(ScaleGestureDetector var1);
    boolean onScaleBegin(ScaleGestureDetector var1);
    void onScaleEnd(ScaleGestureDetector var1);
}
```

ScaleGestureDetector 的使用和 GestureDetector 的使用相同，首先自定义接口 OnScaleGestureListener 的实现，然后定义 ScaleGestureDetector 并初始化。

Android 手势动画的实例请参考 4.6.2 图片手势放大缩小，其中 ImageView 使用了 ScaleGestureDetector，PhotoView 是 ImageView 的扩展，支持通过单点/多点触摸来进行图片缩放。

 6.4.2　点击波网页动画特效

点击波特效可使用 jQuery 插件 Rippleria. js 实现。Rippleria. js 是一个轻量级的，可定制的涟漪点击/点击效果 jQuery 插件，该插件使用 CSS3 animation 动画来制作点击波效果，可以在按钮和图片等元素上制作点击波特效。

制作方法如下。

（1）下载 Rippleria. js 和 jquery. rippleria. css。

（2）在网页的在头部加载样式表 jquery. rippleria. css。

```
<link rel = "stylesheet" href = "css/jquery. rippleria. css"/>
```

（3）在网页正文部分的实现代码如下。

```
<body>
<div class = "text-center">
<a style = "display: inline-block;" id = "rippleria" href = "#">
    <img src = "img/shui. jpg" alt = "image"/>
</a>
</div>
<script src = "js/jquery-2. 1. 1. min. js" type = "text/javascript"></script>
<script src = "js/jquery. rippleria. js"></script>
<script>
    function randInt(min, max) {
        var rand = min + Math. random() * (max - min)
        rand = Math. round(rand);
```

```
        return rand;
    }
    $('#rippleria').rippleria({
        duration:900,
        easing: 'linear',
        color: undefined
        detectBrightness: true
    });
    $('#rippleria').click(function (e) {
        e.preventDefault();
        $(this).rippleria('changeColor',
          'rgba(' + randInt(0, 200) + ',' + randInt(0, 225) + ',' + randInt(0,
245) + ',0.' + randInt(3, 8));
    });
</script>
</body>
```

运行效果如图 6-33 所示。

图 6-33　点击波特效

 6.4.3　AE 手势动画库

AE 可以很容易地制作手势动画，另外也可以从网络上下载，网络上有丰富的 AE 手势动画的资源，例如百度搜索 AE 手势动画库的结果如图 6-34 所示。

图 6-35 是多种 AE 手势动画库的示例。

常用手势小动画库 for AE-UI中国-专业用户体验设计平台
2015年7月15日 - 单击、双击、长按、拖拽、缩放、旋转等常用手
势动画 Hello大家好这次我要分享一款原创的手势小动画库(就是...
www.ui.cn/detail/585.... - 百度快照

AE常用手势小动画库_AE教程_AE
Hello大家好这次我要分享一款原创的手势小动画库(就是Demo中的那个小圆点),既然能
称之为库,那一定是...
www.16xx8.com/photosho... - 百度快照

常用手势小动画库 for AE|UI教程|JKingDesign - 原创文章 - 站酷...
2018年1月2日 - 文章版权:惊叹号设计原创/自译教程:常用手势小动画库 for AE(原创) 2
holala 采集到 AE zcool.com.cn 文章版权:惊叹号设计原创/自译教程:常用手势小...
huaban.com/pins/146268... - 百度快照

常用手势小动画库 for AE|UI教程|惊叹号设计 - 原创文章 - 站酷...
2017年8月28日 - 文章版权:惊叹号设计原创/自译教程:常用手势小动画库 for AE(原创) 2
holala 采集到 AE zcool.com.cn 文章版权:惊叹号设计原创/自译教程:常用手势小...
huaban.com/pins/129340... - 百度快照

16种手势触摸操作屏幕动画AE模板 手触摸动画平板电脑手..._CG资源网
2016年6月30日 - 欢迎《广告投放》(制定更多服务)关于我们 公告:2017年1~10月份发的AE
模板中的预览视频有大部分出现失效的现象,我们会尽快修复, 去顶部...
https://www.cgown.com/ae/ae-pr... - 百度快照

◎ 为您推荐: ae怎么做鼠标点击效果   ae点击特效   ae 手势

AE模板:多种手势动作展示效果动画 | LookAE.com
2016年5月12日 - 模板信息....原创文章转载请注明: AE模板:多种手
势动作展示效果动画 | LookAE.com 关键字:AE模板【...
www.lookae.com/hands-p... - 百度快照

收录常用手势小动画库 for AE的公开的收藏夹-站酷(ZCOOL)
收录文章《常用手势小动画库 for AE》的全部收藏夹更多精选收藏
夹不要光收藏 要消化 收藏夹 215 1605...
www.zcool.com.cn/colle... - 百度快照

AE模板:25种 MG 卡通手势文字解说动画 | LookAE.com
2016年3月5日 - 模板信息....原创文章转载请注明: AE模板:25种 MG 卡通手势文字解说动画
| LookAE.com 关键字:AE模板【上一篇】AK发布新AE插件:能量激光描边光束光...
www.lookae.com/25hands/ - 百度快照

图 6-34　百度搜索 AE 手势动画库

图 6-35　AE 手势动画库

在 APP 应用程序中，文字动效也很常用，下面介绍一些典型的文字动效的制作方法。

 6.5.1 AI 与 AE 打造漂亮字体动效

首先使用 AI 制作立体字体。

（1）新建文件，使用字体工具输入文字"字体特效"，设置文字描边和填充，然后进行复制、重叠、移动操作，如图 6-36 所示。

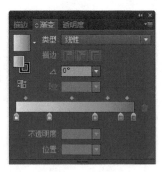

图 6-36　文字描边和填充

（2）选择菜单命令"效果">"3D">"突出与斜角"，如图 6-37 所示。

图 6-37　选择"突出与斜角"效果

（3）在 AI 中保存文件，打开 AE，在"项目"面板中单击鼠标右键，选择菜单栏中"导入"命令，导入 AI 文件，新建合成，将 AI 素材拖入，选择菜单命令"效果">"生成">"CC Light Sweep"，选中属性 Center 的第一个参数，设置关键帧，如图 6-38 所示。

（4）移动帧到尾部，设置 CC Light Sweep 属性 Center 的第一个参数，如图 6-39 所示。

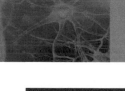

图 6-38　选择 CC Light Sweep 命令

图 6-39　CC Light Sweep 尾部设置

　　制作完成后输出文件，可输出为视频格式，如果想要 GIF 图，可使用格式工厂等转换软件进行转换，或者导入 PS 中另存为 GIF 图，也可使用 Bodymovin 插件输出 Json 文件格式的动画文件。

6.5.2　AE Saber 插件制作字体动效

AE 中有许多插件可以制作文字动效，Saber 插件是其中之一。这款插件在创建光柱光效、犀利光束时有着非常不错的效果，可以快速制作能量光束、光剑、激光、传送门、霓虹灯、电流等效果。Saber 插件下载的网址：https://www.videocopilot.net/，下载安装完成后，重新启动 AE，"效果"菜单中出现 Saber 菜单项，如图 6-40 所示。

效果(T)	动画(A)　视图(V)　窗口　帮助(H)		
✓	效果控件(E)	F3	□ 对齐
	Saber	Ctrl+Alt+Shift+E	图层（无）
	全部移除(R)	Ctrl+Shift+E	
	3D 通道	＞	
	CINEMA 4D	＞	
	Synthetic Aperture	＞	
	Video Copilot	＞	Saber
	表达式控制	＞	
	沉浸式视频	＞	

图 6-40　Saber 效果菜单

Saber 插件制作文字动效的步骤如下。

（1）在 AE 中新建两个图层：一个"纯色"图层，一个"文本"图层，在"纯色"图层中加载 Saber 动效，如图 6-41 所示。

图 6-41　新建两个图层并加载 Saber 动效

（2）Saber 动效设置的主要参数有 3 个。（1）"预设"参数：设置动画效果类型。（2）"主体类型"：选择动画效果的作用对象，这里选择"文字图层"。（3）"文字图层"参数：选择文字图层，这里选择 SABAR 文字图层，如图 6-42 所示。

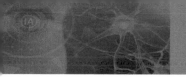

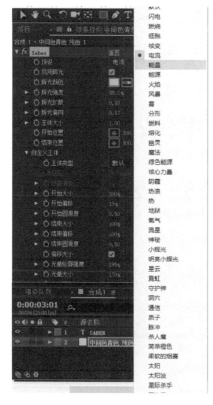

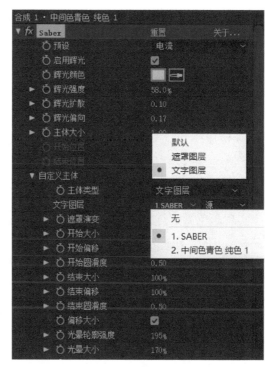

图 6-42 Saber 动效的主要 3 个参数设置

（3）例如设置"预设"为"火焰"类型的动画如图 6-43 所示。

图 6-43 "火焰"动画

6.5.3　jQuery 和 CSS3 实现彩色霓虹灯发光文字动效

为页面文字制作彩色霓虹灯发光效果，可采用 CSS3 为文字定义阴影的颜色和滤镜，然后使用 jQuery 变化颜色。

应用 CSS3 字体阴影属性 text-shadow，可为字体添加阴影，通过对设置 text-shadow 属性相关值，可实现字体阴影效果，格式如下。

text-shadow：X 轴，Y 轴，Rpx，color。依次表示：阴影的 X 轴、阴影的 Y 轴、阴影模糊值、阴影的颜色。

CSS3 滤镜属性 filter 的取值如下。

```
filter: none |blur() |brightness() |contrast() |drop-shadow() |grayscale() |
hue-rotate() |invert() |opacity() |saturate() |sepia() |url();
```

例如，blur（x）设置高斯模糊，x 值越大越模糊。

文字实现彩色霓虹灯发光效果的脚本代码如下。

```
<script src="js/typed.min.js"></script>
<script src="js/jquery.min.js"></script>
<script type="text/javascript">
  $("#s1").typed({
    stringsElement: $("#typedStrings"),
    typeSpeed: 80,
    showCursor: false,
    contentType: "html"
  });
  var colors = [["red","#FF0000"], ["blue","#2196F3"], ["white", "#FFFFFF"]];
  var randomColor = colors[Math.random(colors.length)];
  var initialColor = randomColor[0];
  var initialHeartColor = randomColor[1];
  function changeColor(color1, color2) {
    $('#s1').attr('class', '').addClass(color1);
    $('body p i').css('color', color1);
    $('body p i').css('color', color2);
  }
</script>
```

页面按钮调用函数 changeColor() 改变颜色，定义如下。

```
<div class="buttons">
  <button onClick="changeColor(colors[0][0],colors[0][1])">White</button>
  <button onClick="changeColor(colors[1][0], colors[1][1])"> Blue </button>
  <button onClick="changeColor(colors[2][0], colors[2][1])">Red</button>
</div>
```

效果如图 6-44 所示。

 6.5.4　网页 SVG 文字动效

在网页中引入 SVG（Scalable Vector Graphics）的方式有以下四种。

图 6-44　文字的彩色霓虹灯发光效果

（1）＜embed src =" test. svg" / ＞。

（2）＜object data =" out. svg" width =" 400" height =" 500" type =" image/svg + xml" codebase =" http://www. adobe. com/svg/viewer/install/" / ＞。

（3）＜iframe src =" tu. svg" width =" 400" height =" 400" ＞＜/iframe ＞。

（4）直接在页面中引用。

```
< svg width = "100% " height = "100% " version = "1.1"xmlns = "svg" >
   < rect width = "200" height = "300" style = "fill:rgb(222,0,0);stroke width:2;
stroke:rgb(0,255,0)"/ >
</svg >
```

第 4 种方法直接在页面中引用使用＜svg＞标签，内部可使用的标签包括矩形 ＜rect ＞、圆形 ＜circle ＞、椭圆 ＜ellipse ＞、直线 ＜line ＞、折线 ＜polyline ＞、多边形 ＜polygon ＞、路径 ＜path ＞、文本＜text ＞、图案＜pattern ＞。

SVG 的 ＜ text ＞标签表示 SVG 的文字。

```
< svg viewBox = "0 0 600 300" >
   < text text-anchor = "middle" x = "50% " y = "50% " dy = ".35em" class = "text" >
Text </text >
</svg >
```

SVG 的 ＜ pattern ＞标签表示 SVG 的图案。如果使用预定义的图像对一个对象进行填充或描边，就要用到＜ pattern ＞标签。＜pattern ＞元素可以让预定义图像以固定间隔在 x 轴和 y 轴上重复（或平铺）从而覆盖图形或文字区域。先使用＜pattern ＞元素定义图案（可以是 GIF 动画），然后在给定的图形或文本对象的属性 fill 或属性 stroke 引用填充或描边的图案。

＜ svg ＞标签和＜ pattern ＞标签属性 viewBox 用于将给定的一组图形伸展以适应特定的容器元素。viewBox 属性的值包含 4 个参数：min-x、min-y、width 和 height，以空格或者逗号分隔开，用于指定一个矩形区域映射到给定的元素。

SVG 文字动效 Html 代码如下。

```
.text {
    fill: url(#pgif);
    stroke: #330000;
    stroke-width: 10;
    stroke-opacity:.6;
}
< svg viewBox = "0 0 800 400" >
```

```
<! -- Pattern -- >
<pattern
    id = "pgif"
    viewBox = "20 100 186 200"
    patternUnits = "userSpaceOnUse"
    width = "200" height = "200"
    x = "0" y = "50" >
    <image xlink:href = "css/cloud. gif" width = "256" height = "400"/>
</pattern >
<! -- Text -- >
<text text-anchor = "middle"
    x = "50% "
    y = "50% "
    dy = ". 35em"
    class = "text"
     >
    ABC
</text >
</svg >
```

<text >标签的属性 class 的值为 text，text 的属性 fill 的值为 pgif，也就是 id 为 pgif 的 <
pattern >，<pattern >的 <image >的值为 Gif 动画，如图 6-45 所示。

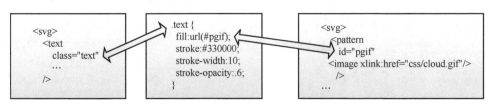

图 6-45　SVG 的文字显示 Gif 动画的结构

效果如图 6-46 所示。

图 6-46　SVG 文字动效

6.5.5　AE Super Text Pack

Super Text Pack 是一套免费的 AE 超文本包装文字演示特效模板预设，支持 CS4 或以上版本的 AE 软件，无须第三方插件。Super Text Pack 是一款专业的 AE 超文本特效合集，包含 130 种文字风格，100 种文字动画。这个超级文本集合包括 3 个部分。

（1）130 个文本文字格式预设。

（2）100 个预览文字动画预设。

（3）这些文本格式和动画的 AE 项目模板文件，可根据需要进行修改，非常方便。

使用 Super Text Pack 时，需要将文件包的两个目录：!!! Wave Layer Style!!! 和!!! Wave Text Preset!!!，复制到目录 C:\Program Files\Adobe\Adobe After Effects CC 2018\Support Files\Presets，如图 6-47 所示。

图 6-47　复制 Super Text Pack 的资源到 AE

重新启动 AE，选择菜单命令"窗口">"效果和预设"，在"效果和预设"窗口中可以看到 Super Text Pack 的两个文本预设，如图 6-48 所示。

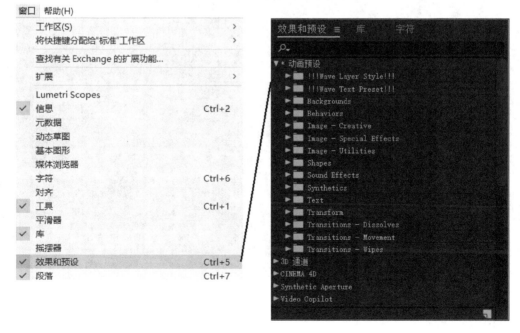

图 6-48　AE 中的 Super Text Pack 文本预设

图 6-49 使用的效果是 Wave Layer Style > Baloon > 02 Orange。

图 6-49　效果 Wave Layer Style > Baloon > 02 Orange

需要注意的是，Super Text Pack 的效果使用了 AE 的表达式，这些表达式都是英文版本，若使用中文版本则会报错。

图 6-50 是 Wave Layer Style > Glow 典型效果。

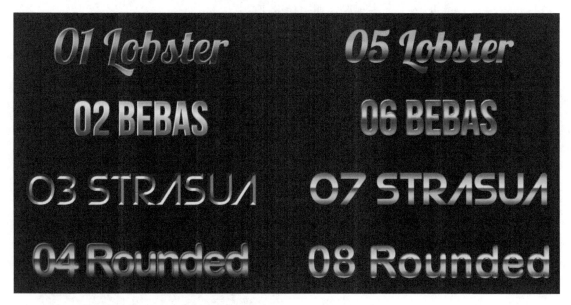

图 6-50　Wave Layer Style > Glow 典型效果。

Super Text Pack 包还提供了项目模板，图 6-51 为 100 Text Style Basic Pack-cgsoso.com. aep 的项目模板。

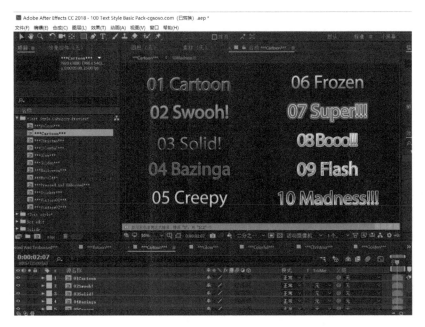

图 6-51　100 Text Style Basic Pack-cgsoso.com. aep 的项目模板

6.6　AE Trapcode 插件

Trapcode 是 AE 的粒子特效插件，Trapcode 能够提供出色的粒子特效效果，为视频增添更多的内容和效果，能够为 3D 对象制作出很炫的效果。

6.6.1　安装 Trapcode

Trapcode 的 官 网 地 址：https://www.redgiant.com/products/trapcode-particular/，如 图 6-52 所示。

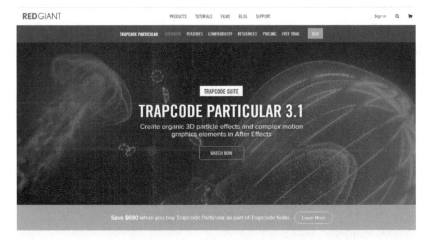

图 6-52　Trapcode 官网地址

选择上部菜单 FREE TRIAL，下载试用版本 TCSuite_Win_Full. zip，解压执行其中的安装文件，开始安装，如图 6-53 所示。

图 6-53　安装 Trapcode

安装完成以后，重新启动 AE，Trapcode 特效即出现在效果菜单，如图 6-54 所示。

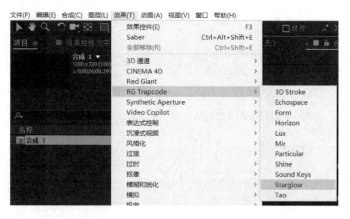

图 6-54　Trapcode 效果菜单

Trapcode 的效果包括以下内容。

➢ 3D Stroke：3D 描边。

➢ EchoSpace：新发布的滤镜，作用是为 3D 图层加上类似 Echo 滤镜的效果。

➢ Form：网格 3D 粒子旋转系统。

➢ Horizon：照相机识别图像绘图工具。

➢ Lux：灯光效果插件，渲染 AE 中的点光或方向光，使光源可见或生成体积光的效果。

➢ Mir：生成对象的阴影、流动的有机元素、抽象景观和星云结构，以及精美的灯光和深度。

➢ Particular：3D 粒子系统，强大的粒子系统，速度也很快。

➢ Shine：速度很快的体积光插件。

➢ Sound Keys：音频处理插件。

➤ Sarglow：根据源图像的高光部分建立星光闪耀的特效。

➤ Tao：三维几何图形插件。

6.6.2 Trapcode Particular 粒子特效

Trapcode 效果中 Particular 效果是粒子特效，下面介绍 Particular 效果的重要参数。

（1）粒子系统设计

粒子系统由一个 Master System 和多个子系统构成，最多有 8 个子系统，单击按钮 Add a System 增加子系统，如图 6-55 所示。

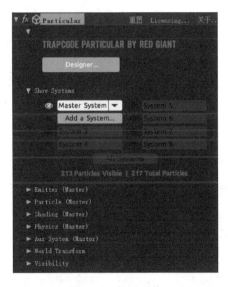

图 6-55　粒子系统

子系统设计窗口如图 6-56 所示。

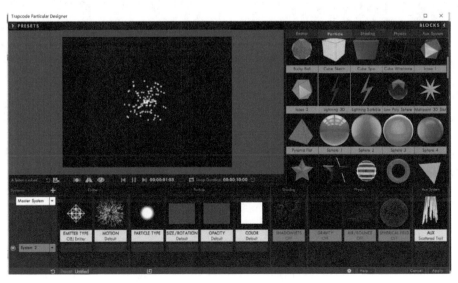

图 6-56　子系统设计窗口

动效设计从入门到精通

（2）Particle Type

粒子类型，如图 6-57 所示。例如选中 Star（No DOF），如图 6-58 所示。

图 6-57　粒子类型　　　　　　　　　　　图 6-58　Star（No DOF）粒子类型

若选择图 6-57 中粒子类型 Sprite，还需要在下面的属性中单击 Choose Sprite 按钮，在弹出的窗口中选择粒子形状，如图 6-59 所示。

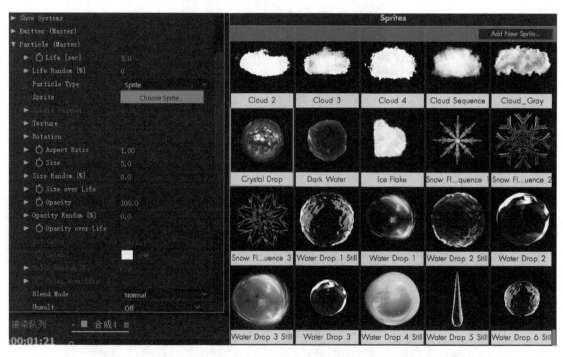

图 6-59　选择粒子形状

（3）Gravity 和 Physics time factor

Gravity 用于为粒子赋予重力系数，模拟真实世界下落的效果。Physics time factor 参数可以控制粒子在整个生命周期中的运动情况，可以使粒子加速或减速，也可以冻结或返回等，该参数可以设定关键帧，如图 6-60 所示。

（4）Emitter Type

该参数包含如下选项。Point：所有的粒子从同一个点发射。Box：粒子在一个矩形内生成。Sphere：粒子在一个球形范围内生成。Grid：粒子在一个网格内生成。Light（s）：必须定义一个灯光层，名字为Emitter。Layer 和 Layer Grid：粒子从合成的某一层发出。OBJ Model：粒子在一个目标形状生成，如图6-61所示。

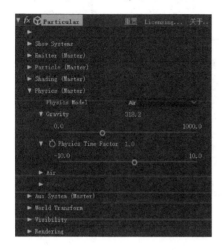

图 6-60　Gravity 和 Physics time factor

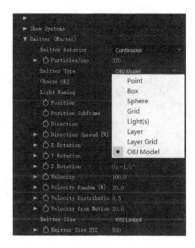

图 6-61　Emitter Type

如果 Emitter Type 为 OBJ Model，单击下面的按钮 Choose OBJ，弹出选择窗口，如图6-62所示。

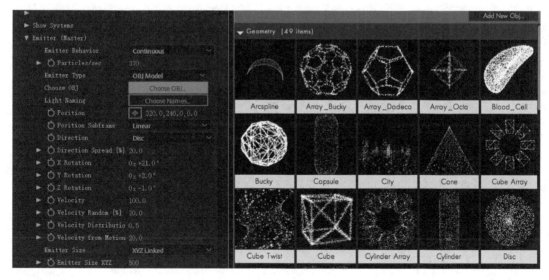

图 6-62　Choose OBJ

下面以实例介绍应用 Trapcode Particular 粒子实现一个圆形燃烧火焰效果的方法。

（1）AE 新建合成 1，建立纯色层，建立两个蒙版，使图层形成一个圆环，添加"湍流杂色"效果，如图 6-63 所示。

注意图层的名字为 Emitter。

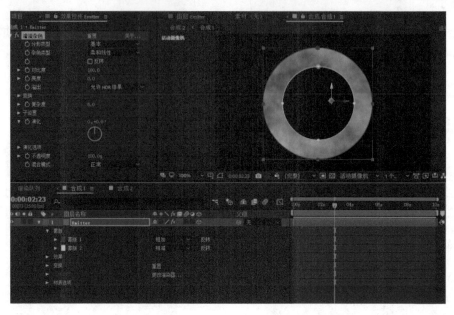

图 6-63　建立圆环并添加"湍流杂色"效果

（2）新建合成 2，将合成 1 拖入，新建一个纯色层，在纯色层添加 Particular 效果，设置 Emitter Type 为 Layer，在项 Layer Emitter 中选择"合成 1"，调大 Prarticles/sec，设置粒子颜色为红色，如图 6-64 所示，完整项目参考本书代码 Particular_Fire. aep。

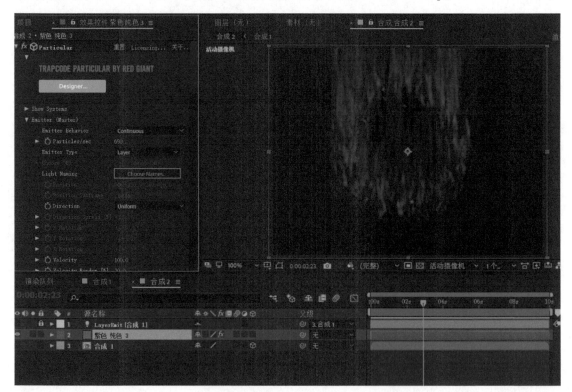

图 6-64　添加 Particular 效果

制作完成后输出文件，可输出为视频格式，如果想要 GIF 图，可使用格式工厂等转换软件进行转换，或者导入 PS 中另存为 GIF 图。也可使用 Bodymovin 插件输出 Json 文件格式的动画文件。

6.6.3 Trapcode 3D Stroke 制作文字描边

Trapcode 3D Stroke 能够对指定的路径进行描边，并且实现描边在三维空间中的弯曲、移动、旋转、复制和缩放。下面介绍 3D Stroke 的重要参数。

（1）Path、Use All Paths、Stroke Sequentially

Path：从列表框中选择一个路径，前提是未选中 Use All Paths。

Use All Paths：选中此参数时，可使用本图层的所有路径。

Stroke Sequentially：选中此参数时，本图层的所有路径会变成一条路径，前提是选中 Use All Paths。

3D Stroke 路径参数如图 6-65 所示。

（2）Start、End、Offset、Loop

Start：设置描边的开始位置。

End：设置描边的结束位置。

Offset：设置描边线段在路径上的偏移值。

Loop：勾选该项，描边在路径上作循环。

Start、End、Offset、Loop 参数如图 6-66 所示。

图 6-65 路径参数

图 6-66 Start、End、Offset、Loop

（3）Repeater

对描边路径进行复制，以及对复制路径进行不透明度、缩放、位置、旋转等操作，如图

动效设计从入门到精通

6-67 所示。

（4）Presets

预置的路径，如图 6-68 所示。

图 6-67　Repeater

图 6-68　Preset

下面以实例介绍 Trapcode 3D Stroke 实现文字描边效果的方法。

（1）AE 新建合成 1，在工具栏中单击工具 T，输入文字，建立一个文本层，选中文字，单击鼠标右键，在弹出的菜单中选择"从文字创建蒙版"命令，如图 6-69 所示。

图 6-69　新建文本层并创建蒙版

（2）选中文字创建的蒙版，添加 Trapcode 3D Stroke 效果，如图 6-70 所示。

图 6-70　添加 Trapcode 3D Stroke 效果

（3）勾选 Stroke Sequentially 参数，设置 Offset 参数添加关键帧，在开始位置设置值为 –100，如图 6-71 所示。

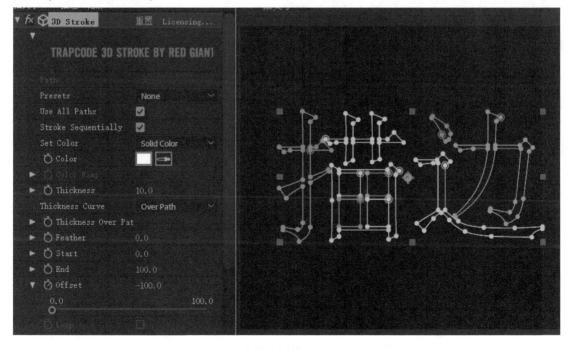

图 6-71　设置 Offset 参数关键帧，开始位置设置值为 –100

（4）设置 Offset 参数关键帧，在最终位置设置值为 0，如图 6-72 所示。

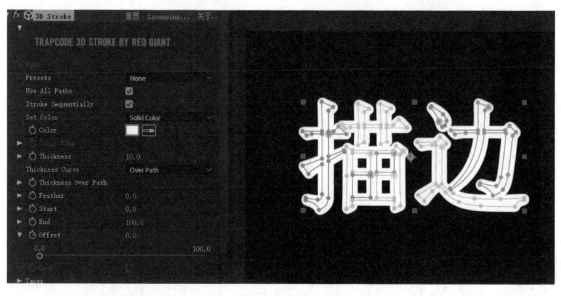

图 6-72　设置 Offset 参数关键帧，最终位置设置值为 0

（5）为描边文字添加 Trapcode　Starglow 效果，如图 6-73 所示。

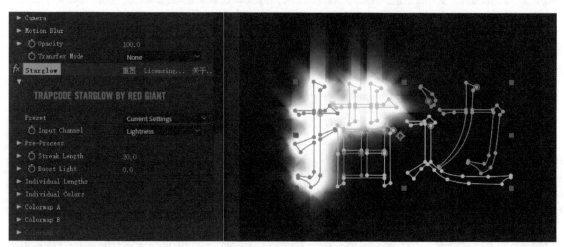

图 6-73　添加 Trapcode Starglow 效果

制作完成后输出文件，可输出为视频格式，如果想要 GIF 图，可使用格式工厂等转换软件进行转换，或者导入 PS 中另存为 GIF 图，也可使用 Bodymovin 插件输出 Json 文件格式的动画文件。

 6.6.4　Trapcode Mir 制作变形动画

Trapcode Mir 是一款 AE 三维运动图形插件，能够快速制作渲染出具有三维属性的运动图形，Mir 能生成对象的阴影、流动的有机元素、抽象景观、星云结构以及精美的灯光和深度，可制作模拟出很多三维图形效果。

1. 使用 Trapcode Mir 制作变形动画

实现方法如下。

（1）AE 新建一个项目，新建一个合成，新建一个"黑色"纯色层，将 Trapcode Mir 特效拖入"黑色"层，如图 6-74 所示。

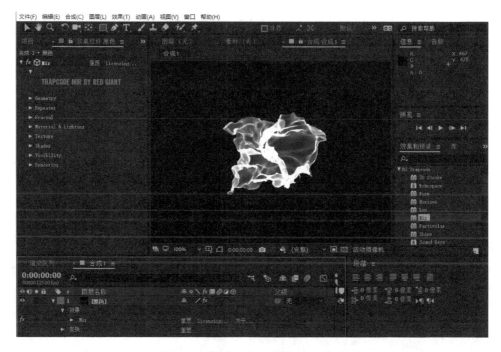

图 6-74　新建合成、图层、Mir 特效

（2）在"效果控件"面板中，设置特效 Mir 的属性 Vertices X、Vertices Y、Size X、Size Y、Shader、Blend 和 DepthBuf，如图 6-75 所示。

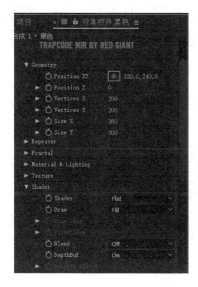 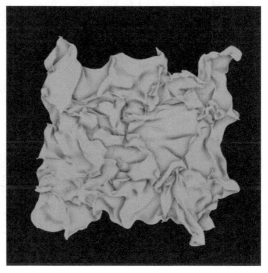

图 6-75　设置特效 Mir 的属性

（3）新建"合成1"，新建一个"黑色"的纯色层，为"黑色"图层增加"棋盘"特效，如图6-76所示。

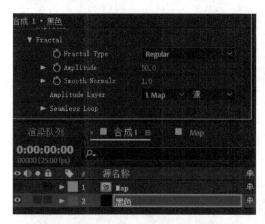

图6-76　新建合成和纯色层

（4）选择"合成1"，将合成Map拖入"合成1"，设置特效Mir的属性Amplititude Layer为合成Map，如图6-77所示。

图6-77　设置特效Mir的属性Amplititude Layer为合成Map

（5）设置特效Mir的属性Evolution和offset X，制作关键帧动画，使 ⏱ 变成 ⏱，第一帧和最后一帧的设置如图6-78所示。

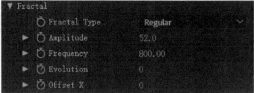

图6-78　制作关键帧动画

（6）设置特效Mir的属性Amplitude、FBend X、FBend Y、AO Radius，如图6-79所示。

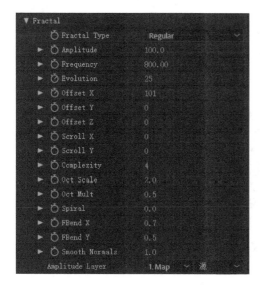
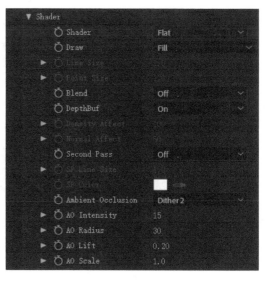

图 6-79   设置特效 Mir 的属性

（7）将素材 flower. jpg 导入项目，拖入"合成1"，在"效果控件"面板中，设置特效 Mir 的属性 Texture Filter，如图 6-80 所示。

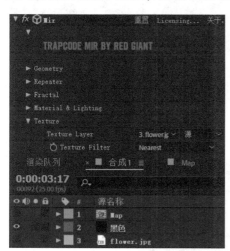
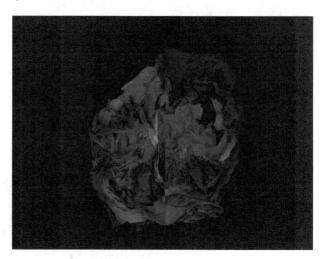

图 6-80   设置特效 Mir 的属性 Texture Filter

（8）制作完成后输出文件，可输出为视频格式，如果想要 GIF 图，可使用格式工厂等转换软件进行转换，或者导入 PS 中另存为 GIF 图，也可使用 Bodymovin 插件输出 Json 文件格式的动画文件。

2. 使用 Trapcode Mir 制作文字变形动画

（1）AE 新建一个项目，新建一个合成，新建"黑色"纯色层，将 Trapcode Mir 特效拖入"黑色"层，如图 6-81 所示。

（2）新建一个"文本"图层，使用"图层样式"设置文字效果，如图 6-82 所示。

（3）设置特效 Mir 的属性 Texture Layer 为文本图层，如图 6-83 所示。

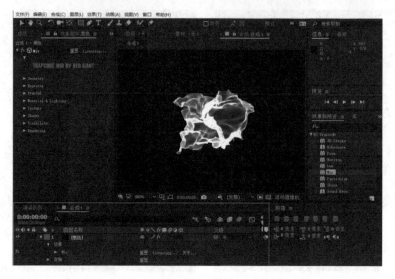

图 6-81　新建合成、图层、Mir 特效

图 6-82　新建"文本"图层

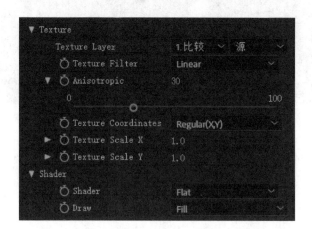

图 6-83　设置 Texture Layer 为文本图层

（4）设置特效 Mir 的属性 Size X，制作关键帧动画，使 变成 ，第一帧和最后一帧的设置如图 6-84 所示。

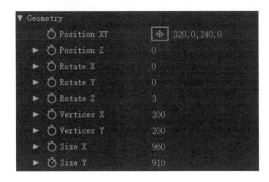

图 6-84　制作属性 Size X 关键帧动画

（5）设置特效 Mir 的属性 Evolution，制作关键帧动画，使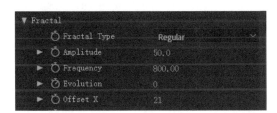变成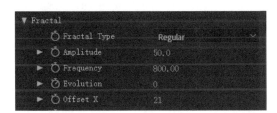，第一帧和最后一帧的设置如图 6-85 所示。

图 6-85　制作属性 Evolution 关键帧动画

（6）播放效果如图 6-86 所示。

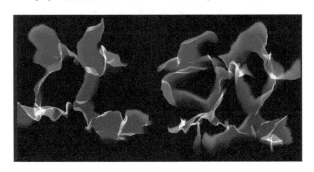

图 6-86　播放效果

6.7　本章小结

本章介绍了常用的 APP 动效的制作方法，包括图标、导航和菜单动效、Loading 动效、手势动画、文字动效和 AE 高级动效，并结合实例进行了演示。

第7章

Android中的3D动画

在 Android 的应用程序中，3D 动画的应用也很广泛。在 Android 中实现 3D 动画效果一般有两种方法：一是使用 Camera，二是使用 OpenGL ES 动画库。使用 Camera 可以实现一些比较简单的 3D 效果，如果要实现一些复杂的 3D 效果，就需要应用 OpenGL ES，下面介绍这两种实现方法。

 7.1 Camera 3D 动画实现

本节介绍应用 Camera 实现 3D 动画的方法。

 7.1.1 Camera 3D 实现图片旋转动画

在 Android SDK 中有两个 Camera 类：一个是 android. hardware. Camera，这是用来操控相机功能的类；另一个是 android. graphics. Camera，这个 Camera 不同于 hardware. Camera，主要用于实现图像 3D 效果。

Camera 的主要 API 如下。

（1）translate（float valuex, float valuey, float valuez）：平移到 value x、value y、value z。

（2）rotateX（float value）：围绕 X 轴旋转 value。

（3）rotateY（float value）：围绕 Y 轴旋转 value。

（4）rotateZ（float value）：围绕 Z 轴旋转 value。

（5）rotate（float valuex, float valuey, float valuez）：围绕 X 轴旋转 valuex，围绕 Y 轴旋转 valuey，围绕 Z 轴旋转 valuez。

（6）save( )和 restore( )：保存原先状态和恢复原先状态。

（7）getMatrix（Matrix matrix）：将内部的 Matrix 值复制到 matrix。

下面是使用 Camera 实现图片 3D 旋转的实例，实现过程如下。

（1）在 Android Studio 环境中新建 Android 项目，设计布局界面如图 7-1 所示。

（2）程序结构图如图 7-2 所示。

定义函数 Image_ Change( )，实现图像的 3D 变换，代码如下。

```
Camera mCamera;
privateImageView image;
void Image_Change()
```

```
    {
        Matrix matrix = new Matrix();
        mCamera. save();
        mCamera. setLocation(0,0, -30);
        mCamera. rotateX(rotateX);
        mCamera. rotateY(rotateY);
        mCamera. rotateZ(rotateZ);
        mCamera. translate(tX, tY, tZ);
        mCamera. getMatrix(matrix);
        mCamera. restore();
            BitmapDrawable bitmapDrawable = (BitmapDrawable) getResources()
    . getDrawable(R. drawable. hudie);
        Bitmap bitmap =bitmapDrawable. getBitmap();
        Bitmap bitmap1 = null;
        try{
            bitmap1 = Bitmap. createBitmap(bitmap, 0, 0, bitmap. getWidth(), bitm-
    ap. getHeight(), matrix, true);
        } catch (IllegalArgumentException e) {
          e. printStackTrace();
        }
        if (bitmap ! = null) {
          image. setImageBitmap(bitmap1);
        }
    }
```

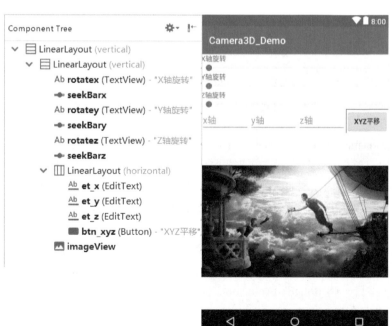

图7-1　Camera 3D 布局

图 7-2　程序结构图

（3）运行结果如图 7-3 所示，完整项目参考本书代码 Camera3D_Demo。

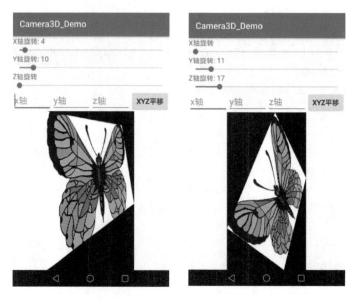

图 7-3　Camera3D 运行效果

7.1.2　Roate3dAnimation 实现图片旋转动画

针对 3D 旋转的动画，官方提供了 Rotate3dAnimation 的 Java 文件，Rotate3dAnimation 继承系统类 Animation，需要重写 applyTransformation（float interpolatedTime，Transformation t）方法和 initialize 方法。

applyTransformation（float interpolatedTime，Transformation t）方法中的两个参数含义如下。

➢ interpolatedTime：该参数代表了时间的进行程度，是开始还是结束。

➢ Transformation：表示补间动画在不同时刻对图形或组建的变形程度。该对象中封装了一个 Matrix 对象，对它所包含的 Matrix 对象进行位移、倾斜、旋转等变换时，Transformation 将会控制对应的图片或视图进行相应的变换。

下面是使用 Roate3dAnimation 实现图片 3D 旋转的实例，实现过程如下。

（1）下载官方提供的 Rotate3dAnimation.java 文件，在 Android 开发环境 Android Studio 中新建 Android 项目，将 Rotate3dAnimation.java 拷贝到项目的源代码目录下。

（2）设计界面布局如图 7-4 所示。

（3）在主 Activity 调用 Roate3dAnimation 实现动画。

在 Activity 需要实现一个 AnimationListener 接口的类用于监听动画。就像 Button 控件有监听器一样，动画效果也要有监听器，实现 AnimationListener 接口就可以实现对动画效果的监听，其中需要重写三个函数。

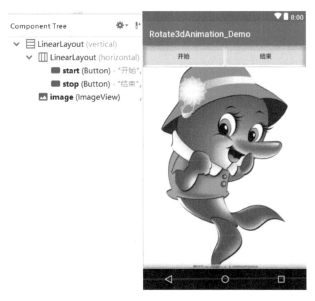

图 7-4　界面布局设计

```
private class MyAnimationListenr implements Animation.AnimationListener {
    public voidonAnimationEnd(Animation animation) {
        // TODO Auto-generated method stub
        image.startAnimation(rotation);
    }
    public void onAnimationRepeat(Animation animation) {
        // TODO Auto-generated method stub
    }
    public void onAnimationStart(Animation animation) {
        // TODO Auto-generated method stub
    }
}
```

其中第一个函数表示在动画执行完之后做什么，第二个函数表示在动画重复执行的过程中做什么，第三个函数表示动画开始执行时做什么。

调用 Roate3dAnimation 实现方法，代码如下。

```
ImageView image;
Button start,stop;
Rotate3dAnimation rotation;
MyAnimationListenr startNextAnimation;

void startAnimation(float start, float end) {
    //计算中心点
    float centerX = image.getWidth()/2.0f;
```

```
        float centerY = image.getHeight()/2.0f;
        rotation = new Rotate3dAnimation(start, end, centerX, centerY, 0f, true);
        rotation.setDuration(3000);
        rotation.setFillAfter(true);
        //rotation.setInterpolator(new AccelerateInterpolator());
        //匀速旋转
        rotation.setInterpolator(new LinearInterpolator());
        //设置监听
        startNext Animation = new MyAnimationListenr();
        rotation.setAnimationListener(startNextAnimation);
        image.startAnimation(rotation);
    }
```

在主界面的按钮监听事件中调用函数 startAnimation()

```
    start.setOnClickListener(new View.OnClickListener() {
        public voidonClick(View v) {
            // TODO Auto-generated method stub
            //360 度的旋转
            startAnimation(0,360);
        }
    });
```

运行结果如图 7-5 所示，完整项目参考本书代码 Rotate3dAnimation_Demo。

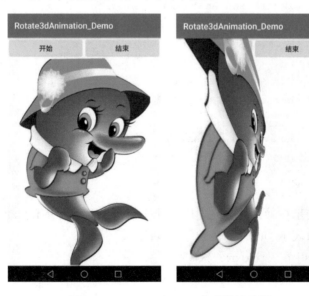

图 7-5　Roate3dAnimation 实现旋转动画

7.1.3　Rotate3D 实现 3D 旋转动画

应用 Rotate3D 实现 3D 旋转动画的方法如下。

（1）添加 Rotate3D 库，在 Android Studio 项目的 app 的 build.gradle 文件的 dependencies

闭包添加引用。

```
dependencies {
    implementationfileTree(dir: 'libs', include: ['*.jar'])
    implementation 'com.android.support:appcompat-v7:26.1.0'
    implementation 'com.jzp:rotate3D:1.0.0'
}
```

在主界面顶部会出现同步提示，单击 Sync Now，完成同步，Rotate3D 库即成功引入到当前项目中，如图 7-6 所示。

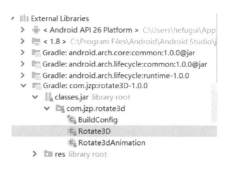

图 7-6　Rotate3D 库

从上图中可以看到 Rotate3D 库包括两个类：Rotate3D 和 Rotate3DAnimation，其中 Rotate3D 类调用 Rotate3DAnimation 类实现旋转动画。

（2）设计界面布局如图 7-7 所示，其中包括一个父视图和两个子视图，两个子视图包括正面视图和背面视图。

图 7-7　界面布局

（3）在主 Activity 调用 Roate3d 实现动画。主 Activity 的代码如下。

```
public class MainActivity extends AppCompatActivity {
```

```
Rotate3D anim;
Button start;
View pav,pov,nev;
@Override
protected void onCreate(BundlesavedInstanceState) {
    super.onCreate(savedInstanceState);
    setContentView(R.layout.layout);
    pav = (View)findViewById(R.id.parent);
    pov = (View) findViewById(R.id.positiveView);
    nev = (View) findViewById(R.id.negativeView);
    anim = new Rotate3D.Builder(this)
        .setParentView(pav)              //设置父视图
        .setPositiveView(pov)            //设置正面视图
        .setNegativeView(nev)            //设置背面视图
        .setDuration(1000)               //设置动画时间
        .setDepthZ(50)                   //设置Z轴深度
        .create();                       //创建
    start = (Button)findViewById(R.id.button2);
    start.setOnClickListener(new View.OnClickListener() {
        @Override
        public voidonClick(View view) {
            anim.transform();   //启动动画
        }
    });
}
}
```

（4）运行结果如图 7-8 所示，完整项目参考本书代码 Rotate3d_Demo。

图 7-8　Rotate3D 运行结果

7.1.4 Camera 与 Matrix 实现 3D 立方体

Android 中的界面都是由 View 和 ViewGroup 组成的，View 是所有基本组件的基类，ViewGroup 是拼装这些组件的容器。

使用 Camera 与 Matrix 实现 3D 立方体，需要自定义一个视图类，这个视图类需要继承 View 或 ViewGroup 类。在继承 ViewGroup 类时，需要重写两个方法：onMeasure( ) 和 onLayout( )。

（1）onMeasure（int widthMeasureSpec, int heightMeasureSpec）

onMeasure( ) 方法的作用是自定义 View 尺寸，如果自定义 View 的尺寸与父控件一致，则不需要重写 onMeasure( ) 方法。参数 widthMeasureSpec 和 heightMeasureSpec 表示宽和高，是由父视图传递给子视图的，说明父视图会在一定程度上决定子视图的大小。

（2）onLayout（boolean changed, int left, int top, int right, int bottom）

onLayout( ) 在 View 给其子 View 设置尺寸和位置时被调用。参数 changed 表示 View 有新的尺寸或位置；参数 left 表示相对于父 View 左边的位置；参数 top 表示相对于父 View 的顶部位置；参数 right 表示相对于父 View 的右边位置；参数 bottom 表示相对于父 View 的底部位置。

（3）generateLayoutParams( )

这个方法主要在父容器添加子 View 时调用，用于生成和此容器类型相匹配的布局参数。

onMeasure( ) 测量所有视图的宽度和高度，完成测量过程后，onLayout( ) 利用 onMeasure( ) 计算出的测量信息，布局所有子视图，完成布局过程。

如果需要重新绘制 ViewGroup，则要重写 dispatchDraw( ) 方法来实现对 ViewGroup 中子 View 的重新绘制。

onInterceptTouchEvent( ) 在 ViewGroup 中定义（View 中无该方法），用于拦截手势事件，触发的每个 Touch 事件都会先调用 onInterceptTouchEvent( )。

onTouchEvent（MotionEvent event）在 View 中定义（ViewGroup 继承自 View，自然包含该方法），用于处理传递到 View 中的 Touch 事件。

为了易于控制滑屏，可使用 computeScroll( ) 方法。在绘制 View 时，会在 draw( ) 过程调用该方法。因此，配合使用 Scroller 实例，可以获得当前应该的偏移坐标，使 View/ViewGroup 偏移至该处。

Scroller 用于实现 View 的平滑滑动，可以使用 View 类的 scrollTo 或者 scrollBy 来进行滑动，但过程在瞬间完成，用户体验不好。这时要使用 Scroller 来实现这个滑动的过渡效果。通常用 Scroller 记录/计算 View 滚动的位置，实际的滚动在 View 的 computeScroll( ) 完成。

Scroller 的一般写法如下。

```
Scroller scroller = new Scroller(mContext);
public voidsmoothScrollTo(int destX, int destY)
{
        int scrollY = getScrollY();
        int scrollX = getScrollX();
        int deltaY = destY - scrollY;
```

```
        int deltaX = destX-scrollX;
        mScroller. startScroll(scrollX, scrollY,deltaX, deltaY,1000); //前 2 个参数为
当前滑动偏移量,后 2 个参数为需要滑动的偏移量
        invalidate(); //会导致 View 的重绘
    }
        @ Override
public voidcomputeScroll()
    {
      if (mScroller.computeScrollOffset())
      {
          scrollTo(mScroller. getCurrX(), mScroller. getCurrY());
          postInvalidate();
      }
    }
```

Scroller 本身并不能使 View 滑动,Scroller 的方法 startScroll(int startX, int startY, int dx, int dy, int duration) 存储了滑动的开始点和滑动的距离与时间,并没有开始滑动,需要调用 View 的 scrollTo 或者 scrollBy 方法实现滑动。

动画的原理其实是不停地重绘视图变化的内容,在视觉效果上,就会产生动画的效果。Scroller 类的原理也正是如此,通过循环地绘制不同位置上的内容,来展现屏幕滚动。

使用 Scroller 实现视图滚动的流程如图 7-9 所示。

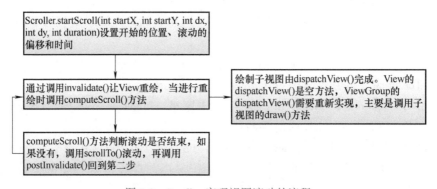

图 7-9　Scroller 实现视图滚动的流程

VelocityTracker 是 Android 提供的用来记录滑动速度的一个类,可以监控手指移动的速度。如果我们想监控一个 View 内手指移动的瞬时速度,该如何做?主要是在 onTouchEvent 里记录各个 MotionEvent,down 事件是起点,此时需要初始化 mVelocityTracker(obtain 或者 reset),第一次肯定是 obtain。然后把当前的 event 记录下来(addMovement)。接着在 move 的时候获取速度,获取速度用 mVelocityTracker. getXVelocity()或者 mVelocityTracker. getYVelocity()。在调用这个之前必须做一次计算,也就是 mVelocityTracker.computeCurrentVelocity(1000)。

Camera 与 Matrix 实现 3D 立方体的程序流程图如图 7-10 所示。

运行结果如图 7-11 所示,完整项目参考本书代码 Camera_Matrix。

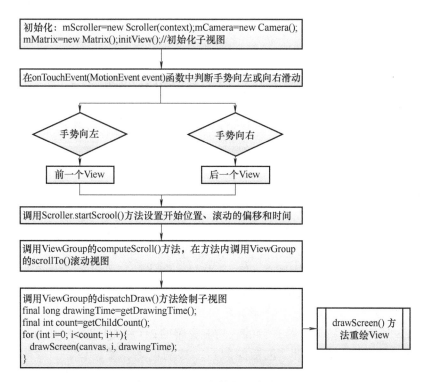

图 7-10　3D 立方体的程序流程图

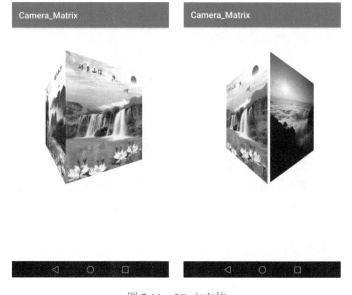

图 7-11　3D 立方体

7.2　OpenGL ES

在 Android 系统中，三维效果也可以通过 OpenGL 实现，而且功能更强。

7.2.1 OpenGL ES 基础

OpenGL（Open Graphics Library）是一个跨编程语言、跨平台的编程接口的系列库，是一个功能强大，调用方便的底层图形库，用于三维图形图像的制作。

OpenGL ES（OpenGL for Embedded System）是 OpenGL 三维图形 API 的子集，是从 OpenGL 裁剪定制而来的，针对手机、PDA 和游戏主机等嵌入式设备而设计。该 API 由 Khronos 集团定义推广，Khronos 是图形软硬件行业协会，该协会主要关注图形和多媒体方面的开放标准。

（1）OpenGL——高性能图形算法行业标准

OpenGL 是行业领域中最受广泛接纳的 2D/3D 图形 API，自诞生至今已催生了各种计算机平台及数千优秀应用程序。OpenGL 是独立于视窗操作系统或其他操作系统的，亦是网络透明的，应用在包含 CAD、内容创作、娱乐、游戏开发、制造业、制药业及虚拟现实等行业领域中。OpenGL 帮助程序员实现在 PC、工作站、超级计算机等硬件设备上的高性能、极具冲击力的高视觉表现力图形处理软件的开发。

（2）OpenGL ES——嵌入式 3D 图形算法标准

OpenGL ES 是免授权费的、跨平台的、功能完善的 2D 和 3D 图形应用程序接口 API，主要针对多种嵌入式系统专门设计，包括控制台、移动电话、手持设备、家电设备和汽车。OpenGL ES 包含浮点运算和定点运算系统描述以及针对便携设备的本地视窗系统规范。OpenGL ES 1.X 面向功能固定的硬件所设计，并提供加速支持、图形质量及性能标准。OpenGL ES 2.X 则提供包括遮盖器技术在内的全可编程 3D 图形算法。OpenGL ES 3.0 提供了高质量纹理压缩格式和增强的渲染。

（3）Open ML——动态媒体创作标准

Open ML 是开源的、免授权费的、跨平台的编程环境，专为捕捉、传输、处理、显示和同步数字媒体所设计，包括 2D/3D 图形和音频/视频流。Open ML 1.0 定义了专业水准取样级别流同步，用于加速视频处理的 OpenGL 扩展。

（4）OpenVG——矢量图形算法加速标准

OpenVG 是针对诸如 Flash 和 SVG 的矢量图形算法库提供底层硬件加速界面的免授权费、跨平台应用程序接口 API。OpenVG 现仍处于发展阶段，其初始目标主要面向需要高质量矢量图形算法加速技术的便携手持设备，用以在小屏幕设备上实现动人心弦的用户界面和文本显示效果，并支持硬件加速，以在极低的处理器功率级别下实现流畅的交互性能。

（5）Open MAX——便携设备媒体库标准

Open MAX 是免授权费的、跨平台的应用程序接口 API，通过使媒体加速组件能够在开发、集成和编程环节中实现跨多操作系统和处理器硬件平台，提供全面的流媒体编解码器和应用程序便携化。Open MAX API 与处理器一同提供，以使库和编解码器开发者能够高速有效地利用新器件的完整加速潜能。

（6）Open SL ES——嵌入式音频加速标准

Open SL ES 是免授权费的、跨平台、针对嵌入式系统精心优化的硬件音频加速 API。它为嵌入式移动多媒体设备上的本地应用程序开发者提供标准化、高性能、低响应时间的音频功能实现方法，并实现软/硬件音频性能的直接跨平台部署，降低执行难度，促进高级音频市场的发展。

7.2.2　在 Android 中使用 OpenGL ES

要了解在 Android 中使用 OpenGL ES 的方法，先看一下 Android 系统体系结构，如图 7-12 所示，可以在"核心库"找到 OpenGL ES。

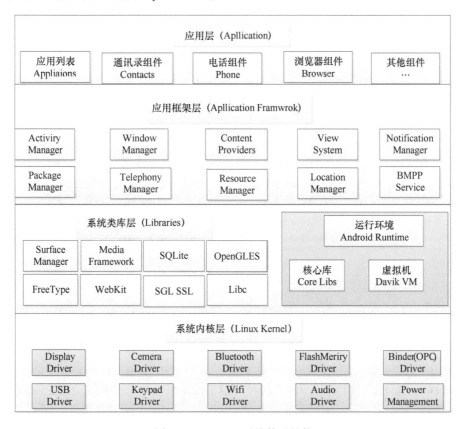

图 7-12　Android 系统体系结构

从 Android 系统体系结构可以知道，Android 是支持使用开放的图形库的，支持使用 OpenGL ES API 来开发高性能的 2D 和 3D 图形。

Android 版本与 OpenGL ES API 版本的关系如表 7-1 所示。

表 7-1　Android 版本与 OpenGL ES API 版本的关系

OpenGL ES API 版本	Android 版本
OpenGL ES 1.0 和 1.1	Android 1.0 及以上版本
OpenGL ES 2.0	Android 2.2 及以上版本
OpenGL ES 3.0	Android 4.3 及以上版本
OpenGL ES 3.1	Android 5.0 及以上版本

Android 中的 OpenGL ES 相关库包含两部分：（1）OpenGL ES 的 javax. microedition. khronos. opengles 包定义了平台无关的 GL 绘图指令，EGL（javax. microedition. khronos. egl）

则定义了控制 displays，contexts 以及 surfaces 的统一的平台接口。（2） android. opengl 包提供了 OpenGL 系统和 Android GUI 系统之间的联系，如图 7-13 所示。

图 7-13　Android 的 OpenGL ES 相关库

在 Android 平台上开发 OpenGL ES 应用程序，无须调用 javax. microedition. khronos. egl 包中的类开发 OpenGL ES 应用程序，可直接使用 Android 平台中提供的 android. opengl 包开发 3D 图形应用程序。

在 Android 中开发 OpenGL ES 应用程序，主要由 GLSurfaceView 类和 GLSurfaceView. Renderer 接口完成，GLSurfaceView 类提供了对 Display、Surface、Context 的管理，大大简化了 OpenGL ES 的程序框架，对应大部分 OpenGL ES 开发，GLSurfaceView. Renderer 接口实现绘制图形。

7. 2. 3　Android 中 OpenGL ES 基本操作

在 Android 系统中开发 OpenGL ES 的图形动画需要完成以下操作。

（1） 在界面布局中设置 GLSurfaceView

GLSurfaceView 是一个视图类，是 OpenGL ES 的核心类，可以在其上绘制和操作图形对象，类似于 SurfaceView。可以通过创建一个 SurfaceView 的实例并添加渲染器来使用这个类。但是如果想要捕捉触摸屏的事件，则应该扩展 GLSurfaceView 以实现触摸监听器，主要功能如下。

➢ 起到连接 OpenGL ES 与 Android 的 View 层次结构之间的桥梁作用。

➢ 使得 OpenGL ES 库适应于 Anndroid 系统的 Activity 生命周期。

➢ 使得选择合适的 Frame buffer 像素格式变得容易。

➢ 创建和管理单独绘图线程以达到平滑动画效果。

➢ 提供了方便使用的调试工具来跟踪 OpenGL ES 函数调用以帮助检查错误。

编写 OpenGL ES 应用程序是从类 GLSurfaceView 开始的，定义 GLSurfaceView 后，还需要通过 setRenderer( ) 设置渲染器，这个渲染器实现了 GLSurfaceView. Renderer 接口，典型代码如下。

```
GLSurfaceView glview = new GLSurfaceView(this);
glview. setRenderer(new OpenGlRender());
setContentView(glview);
```

（2）自定义类实现 GLSurfaceView. Renderer 接口

此接口定义了在 GLSurfaceView 中绘制图形所需的接口，需要自定义类实现，并使用 GLSurfaceView. setRenderer( ) 方法将其附加到 GLSurfaceView 实例，其中定义了如下三个接口函数。

```
public interface Renderer {
    // Called when the surface is created or recreated.
    void onSurfaceCreated(GL10 var1, EGLConfig var2);
    // Called when the surface changed size.
    void onSurfaceChanged(GL10 var1, int var2, int var3);
    // Called to draw the current frame.
    void onDrawFrame(GL10 var1);
}
```

上述接口函数的具体说明如下。

➢ onSurfaceCreated( )：创建 GLSurfaceView 时，系统调用一次该方法。使用此方法只需要执行一次的操作，例如设置 OpenGL 环境参数、初始化 OpenGL 图形对象背景色及是否打开 z-buffer 等。

➢ onDrawFrame( )：定义实际的绘图操作，系统在每次重绘 GLSurfaceView 时调用这个方法。使用此方法作为绘制和重新绘制图形对象的主要执行方法。

➢ onSurfaceChanged( )：当 GLSurfaceView 发生变化时，系统调用此方法，这些变化包括 GLSurfaceView 的大小或设备屏幕方向的变化。例如：设备从纵向变为横向时，系统调用此方法。如果设备支持屏幕横向和纵向切换，这个方法将发生在横/纵向互换时，此时可以重新设置绘制的纵横比率。

（3）基本 3D 绘图处理

一个 3D 图形通常是由一些小的基本元素（顶点、边、面、多边形）构成的，每个基本元素都可以单独操作。

在定义好图形后，接下来需要了解如何使用 Opne GL ES 的 API 来绘制并渲染这个图形。Open GL ES 中提供了两种方法来绘制一个空间几何图形。

➢ Public abtract void glDrawArrays（int mode, int first, int count）：使用 VeterxBuffer 来绘制，定点的顺序由 VeterxBuffer 中的顺序指定。

➢ Public abstract void glDrawElements（int mode, int count, int type, Buffer indices）：可以重新定义顶点的顺序，顶点的顺序由 indices Buffer 指定。

7.2.4 OpenGL ES 实现彩色旋转的立方体

下面是具体实现过程。

（1）在 AndroidManifest. xml 文件中增加使用 OpneGL 的说明。

```
<uses-feature android:glEsVersion = "0x00030000" android:required = "true"/>
```

（2）新建一个 OpenGlRender 类实现旋转立法体，代码如下。

```
public class OpenGlRender implements GLSurfaceView. Renderer{
    //每一个面画两个三角形,立方体有 6 个面
private float[] vertices = {
        -1.0f,1.0f,1f, // top left
        -1.0f, -1.0f,1f, // bottom left
        1.0f, -1.0f,1f,   //top right
        -1.0f,1.0f,1f, //bottom left
        1.0f, -1.0f,1f, //bottom right
        1.0f,1.0f,1f,   //top right            //前面

        1.0f,1.0f,1f,
        1.0f, -1.0f,1f,
        1.0f, -1.0f, -1f,
        1.0f,1.0f,1f,
        1.0f, -1.0f, -1.0f,
        1.0f,1.0f, -1f,                        //右面

        -1.0f,1.0f, -1.0f,
        -1.0f, -1.0f, -1.0f,
        -1.0f,1.0f,1.0f,
        -1.0f, -1.0f, -1.0f,
        -1.0f, -1.0f,1.0f,
        -1.0f,1.0f,1.0f,                       //左面

        1.0f,1.0f, -1.0f,
        1.0f, -1.0f, -1.0f,
        -1.0f, -1.0f, -1.0f,
        1.0f,1.0f, -1.0f,
        -1.0f, -1.0f, -1.0f,
        -1.0f,1.0f, -1.0f,                     //后面

        -1.0f,1.0f, -1.0f,  // top left
        -1.0f,1.0f,1.0f,    //bottom left
        1.0f,1.0f, -1.0f,    //top right
        -1.0f,1.0f,1.0f,    //bottom left
        1.0f,1.0f,1.0f,     //top right
        1.0f,1.0f, -1.0f,     // -top right 上面
```

```
        -1.0f, -1.0f,1.0f,
        -1.0f, -1.0f, -1.0f,
        1.0f, -1.0f, -1.0f,
        -1.0f, -1.0f,1.0f,
        1.0f, -1.0f, -1.0f,
        1.0f, -1.0f,1.0f,              //下面
};
//立方体的顶点颜色,
private float[] colors = {
        0.5f, 0f, 0.8f, 1f,
        0.2f, 0.5f, 0.3f, 1f,
        0.8f, 0.1f, 0.1f, 1f,
        0.9f, 1f, 1f, 1f,              //前面

        0.4f, 1f, 0.1f, 1f,
        0.4f, 1f, 0.2f, 1f,
        0.4f, 1f, 0.3f, 1f,
        0.4f, 1f, 0.4f, 1f,            //后面

        0.5f, 0f, 0.9f, 1f,
        0.5f, 0f, 0.8f, 1f,
        0.5f, 0f, 0.7f, 1f,
        0.5f, 0f, 0.6f, 1f,            //左面

        0.3f, 0.5f, 1f, 1f,
        0.4f, 0.5f, 1f, 1f,
        0.3f, 0.5f, 1f, 1f,
        0.4f, 0.5f, 1f, 1f,            //上面

        0.1f, 0.2f, 0.3f, 1f,
        0.1f, 0.4f, 0.3f, 1f,
        0.1f, 0.3f, 0.3f, 1f,
        0.1f, 0.4f, 0.3f, 1f,         //下面
};
private short[] index = {
    0, 1,  2,  0, 2, 3,
    4, 5,  6,  4, 6, 7,
    8, 9,  10, 8, 10, 11,
    12, 13, 14, 12, 14, 15,
    16, 17, 18, 16, 18, 19,
    20, 21, 22, 20, 22, 23,
};
```

```java
    private FloatBuffer mVertexBuff, mColorBuff;
    private ShortBuffer mIndexBuff;
    private float rx = 60.0f;
    public OpenGlRender() {
        ByteBuffer  bb1 = ByteBuffer.allocateDirect(vertices.length * 4);
        bb1.order(ByteOrder.nativeOrder());
        mVertexBuff = bb1.asFloatBuffer();
        mVertexBuff.put(vertices);
        mVertexBuff.position(0);
        ByteBuffer bb2 = ByteBuffer.allocateDirect(index.length * 2);
        bb2.order(ByteOrder.nativeOrder());
        mIndexBuff = bb2.asShortBuffer();
        mIndexBuff.put(index);
        mIndexBuff.position(0);
        ByteBuffer bb3 = ByteBuffer.allocateDirect(colors.length * 4);
        bb3.order(ByteOrder.nativeOrder());
        mColorBuff = bb3.asFloatBuffer();
        mColorBuff.put(colors);
        mColorBuff.position(0);
    }
    public voidonDrawFrame(GL10 gl10) {
        gl10.glClearColor(0f, 0f, 0f, 0.5f);
        gl10.glClear(GL10.GL_COLOR_BUFFER_BIT | GL10.GL_DEPTH_BUFFER_BIT);
        gl10.glFrontFace(GL10.GL_CCW);
        gl10.glEnable(GL10.GL_CULL_FACE);
        gl10.glCullFace(GL10.GL_BACK);
        gl10.glEnableClientState(GL10.GL_VERTEX_ARRAY);
        gl10.glVertexPointer(3, GL10.GL_FLOAT, 0, mVertexBuff);
        gl10.glEnableClientState(GL10.GL_COLOR_ARRAY);
        gl10.glColorPointer(4, GL10.GL_FLOAT, 0, mColorBuff);
        gl10.glLoadIdentity();
        gl10.glTranslatef(0f, 0f, -5f);
        gl10.glRotatef(-45f, 0f, 1f, 0f);
        gl10.glRotatef(rx, 1f, 0f, 0f);
         gl10.glDrawElements(GL10.GL_TRIANGLES, index.length, GL10.GL_UNSIGNED_
SHORT, mIndexBuff);
        gl10.glDisableClientState(GL10.GL_VERTEX_ARRAY);
        gl10.glDisable(GL10.GL_CULL_FACE);
        rx++;
    }
    public void onSurfaceChanged(GL10 gl10, int width, int height) {
        gl10.glViewport(0, 0, width, height);
        gl10.glMatrixMode(GL10.GL_PROJECTION);
```

```
        gl10.glLoadIdentity();
        GLU.gluPerspective(gl10, 45.0f, (float) width/(float) height, 0.1f, 100.f);
        gl10.glMatrixMode(GL10.GL_MODELVIEW);
        gl10.glLoadIdentity();
    }
    public voidonSurfaceCreated(GL10 gl10, EGLConfig config) {
        //设置深度测试
        gl10.glEnable(GL10.GL_DEPTH_TEST);
        //设置深度测试类型
        gl10.glDepthFunc(GL10.GL_DITHER);
        //设置背景
        gl10.glClearColor(1f, 0f, 0f, 1f);
        //设置阴影平滑
        gl10.glShadeModel(GL10.GL_SMOOTH);
        //清除深度缓存
        gl10.glClearDepthf(1.0f);
    }
}
```

（3）在主 Activity 中调用。

```
public class MainActivity extends Activity {
    @Override
    protected void onCreate(BundlesavedInstanceState) {
        super.onCreate(savedInstanceState);
        GLSurfaceView glview = new GLSurfaceView(this);
        glview.setRenderer(new OpenGlRender());
        setContentView(glview);
    }
}
```

（4）运行结果如图 7-14 所示。

图 7-14　OpenGL ES 实现彩色旋转的立方体

7.4　本章小结

在 Android 的应用程序中，3D 动画具有更炫的效果。本章介绍在 Android 中实现 3D 动画效果的两种方法：一是 Camera 实现 3D 动画，二是使用 OpenGL ES 动画库实现 3D 动画。

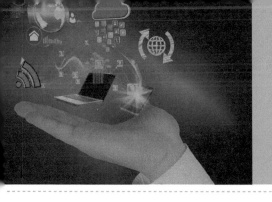

第8章

HTML5动画

HTML5 在近几年快速增长，已经成为 Web 开发人员最喜欢的编程语言之一，HTML5 的新技术和新特性能够开发更好的网页应用，使得前端用户体验越来越好。应用 HTML5 可以开发出很好的动画效果，这些很棒的动画为网站增添了更多的吸引力，下面介绍 HTML5 的动画制作方法。

8.1 HTML5 动画简介

HTML5 的应用在过去几年中有了飞速的发展，在涉及富媒体、运动图形和网络上的互动内容时，HTML5 几乎完全取代了 Animate（原 Flash）。

HTML5 可以通过 CSS、JavaScript 和 jQuery 编写代码来创建动画，复杂的动画可以通过 HTML5 动画设计工具来实现，HTML5 动画分以下三种形式。

（1）canvas 元素结合 JavaScript。

（2）纯粹的 CSS3 动画。

（3）jQuery 动画。

 ### 8.1.1 canvas 元素结合 JavaScript

HTML5 动画可以包含在 < canvas > </canvas > 元素中，HTML 文档中的 Canvas 可以被看作是一个绘图板。HTML5 中的大部分动画都是通过 Canvas 实现，因为 Canvas 就像一块画布，HTML5 < canvas > 标签可以通过调用脚本（通常是 JavaScript）在 Canvas 上绘制任意形状，制作动画，不过 < canvas > 元素本身并没有绘制能力（仅仅是绘图的容器），必须使用脚本来完成实际的绘图任务。

创建三次方贝塞尔曲线的 HTML5 < canvas > 代码如下，结果图形如图 8-1 所示。

```
<html>
<body>
    < canvas id = "myCanvas" width = "300" height = "150"
style = "border:1px solid #d3d3d3;" >
     HTML5 canvas </canvas>
    < script >
      var c = document.getElementById("myCanvas");
```

图 8-1　三次方贝塞尔曲线

```
        var ctx = c. getContext ("2d");
        ctx. beginPath ();
        ctx. moveTo (30,30);
        ctx. bezierCurveTo (30,100,300,100,200,30);
        ctx. stroke ();
    </script >
</body >
</html >
```

getContext( ) 方法返回一个用于在画布上绘图的环境，当前唯一的合法值是 2d，它指定了二维绘图，并且导致这个方法返回一个环境对象，该对象导出一个二维绘图 API。在未来，< canvas > 标签可能扩展到支持 3D 绘图，getContext( ) 方法可能允许传递一个 3d 字符串参数。

HTML5 < canvas > 标签常用的绘图方法如表 8-1 所示。

表 8-1　HTML5 < canvas > 标签常用的绘图方法

方　　法	说　　明
createLinearGradient( )	在画布内容上创建线性渐变
createPattern( )	在指定的方向上重复指定的图案
createRadialGradient( )	在画布内容上创建放射状渐变
addColorStop( )	规定渐变对象中的颜色和停止位置
drawImage( )	在画布上绘制图像、画布或视频
fill( )	填充当前绘图（路径）
beginPath( )	起始一条路径，或重置当前路径
quadraticCurveTo( )	创建二次方贝塞尔曲线
bezierCurveTo( )	创建三次方贝塞尔曲线

 8.1.2　纯粹的 CSS3 动画

使用 CSS3 也能够创建动画，在某些情况下可以在网页中取代动画图片、Flash 动画以及 JavaScript。CSS3 实现动画有两种方式。

（1）通过 keyframes 和 animation 属性设置动画效果，格式如下。

```
div {
    animation: myanim 5s;
    ......
}
@ keyframes myanim {
    ....
    0% {left: 15px;opacity: 0}
    30% {left: 50px;background-color: pink;font-size:23px;opacity: 1}
    90% {left: 100px;background-color: red;opacity: 1}
    100% {left: 20px;opacity: 0}
}
```

CSS3 中@ keyframes 规则用于创建动画，在@ keyframes 中定义某项 CSS 样式，就能创建由当前样式逐渐改为新样式的动画效果。

@ keyframes 的语法格式如下：@ keyframes animationname {keyframes-selector {css-styles;}}，具体说明如表 8-2 所示。

表 8-2 @keyframes 的语法格式说明

参 数	描 述
animationname	确定动画的名称
keyframes-selector	动画持续时间的百分比，取值：0-100% 或 from（和 0% 相同）- to（和 100% 相同）
css-styles	一个或多个 CSS 样式设置属性

CSS3 动画属性（Animation）如表 8-3 所示。

表 8-3 CSS3 动画属性

属 性	描 述
@ keyframes	规定动画关键词
animation	所有动画属性的简写属性，除了 animation-play-state 属性
animation-name	@ keyframes 动画的名称
animation-duration	动画完成一个周期
animation-timing-function	规定动画的速度曲线
animation-delay	动画延迟
animation-iteration-count	动画播放的次数
animation-direction	定义是否应该轮流反向播放动画，格式：animation-direction：normal | alternate，取值 alternate：动画轮流反向播放
animation-play-state	动画的状态：运行或暂停
animation-fill-mode	当动画不播放时（当动画完成时，或当动画有一个延迟未开始播放时），要应用到元素的样式。格式：animation-fill-mode：none | forwards | backwards | both | initial | inherit

HTM5L 使用 keyframes 和 animation 属性实现变色效果的代码如下，运行结果如图 8-2 所示。

```
<html >
<head >
<style >
div
{
    width:300px;
    height:300px;
    background:blue;
    animation:myanimt 8s;
}
@keyframes myfanim
  {
    from{background:green;}
```

图 8-2 变色效果

```
    to {background:cyan;}
  }
  </style>
</head>
<body>
    <div></div>
    <p>    </p>
</body>
  </html>
```

（2）通过 transition 设置过渡，添加 transform 设置形状，形成动画效果，此种方式比较小众，不易控制，transition 有 4 个子属性：transition-property、transition-duration、transition-timing-function、transition-delay。

➢ transition-property：需要过渡的 CSS 属性，例如 width、height、top、right、bottom、left、zoom、opacity 等。

➢ transition-duration：过渡需要的时间，单位 s 或 ms，默认值是 0。

➢ transition-timing-function：过渡函数，贝赛尔曲线函数，包括 linear（匀速过渡）、ease（先快再慢）、ease-in（加速冲刺）、ease-out（减速到停止）、ease-in-out（先加速后减速）、cubic-bezier（n，n，n，n）（自定义平滑曲线）、steps（把过渡阶段分割成等价的步）等参数值。

➢ transition-delay：延迟开始过渡的时间，默认值是 0，表示不延迟，立即开始过渡动作。

transition 设置过渡实现一个方框伸展的代码如下。

```
<html>
<head>
    <style>
      div
      {
        width:200px;
        height:200px;
        background:red;
        transition:width 3s;
        transition-timing-function:linear;
      }
      iv:hover
      {
        width:500px;
      }
    </style>
  </head>
  <body>

<div></div>
```

< p >请把鼠标指针移动到红色的方框,就可以看到过渡效果。< /p >

< /body >

< /html >

运行结果如图 8-3 所示。

请把鼠标指针移动到红色的方框,就可以看到过渡效果。

图 8-3   transition 设置过渡实现一个方框伸展

transform 属性为元素应用 2D 或 3D 转换, 该属性允许对元素进行旋转、缩放、移动或倾斜, 格式如下。

```
transform: none | matrix () |matrix3d () |translate () |translate3d () |scale () |
scale3d() | rotate() | rotate3d ()  |skew() |perspective()
```

 8. 1. 3   jQuery 动画

jQuery 是一个 JavaScript 函数库。jQuery 库包含以下特性: HTML 元素选取、HTML 元素操作、CSS 操作、TML 事件函数、JavaScript 特效和动画、HTML DOM 遍历和修改、AJAX 和 Utilities。

jQuery 库位于一个 JavaScript 文件中, 其中包含了所有的 jQuery 函数, 在网页中应用格式如下。

```
< head >
    < script type = "text/javascript" src = "jquery. js" > < /script >
< /head >
```

jQuery 共有两个版本: 一份是精简版 (query-3. 3. 1. min. js), 另一份是未压缩版 (jquery-3. 3. 1. js)。这两个版本下载网址: http://jquery.com/download/#Download_jQuery, 如图 8-4 所示。

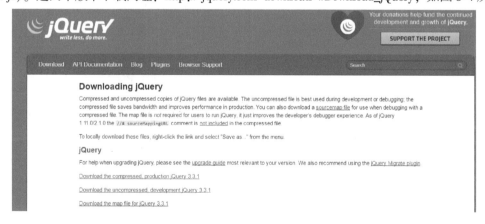

图 8-4   jQuery 下载网页

jQuery 制作的效果有隐藏/显示、淡入淡出、滑动、动画、jQuery stop( ) 方法、jQuery Callback 函数、jQuery – Chaining。

（1）隐藏/显示

jQuery 的 hide( ) 和 show( ) 方法用于隐藏和显示 HTML 元素，toggle( ) 方法用于切换 hide( ) 和 show( ) 方法。

下面的代码使用 toggle( ) 方法交替显示和隐藏 < p > 标签内容。

```
<html>
<head>
    <script src = "/jquery/jquery-3.3.1.min.js" > </script>
    <script type = "text/javascript" >
      $ (document).ready(function(){
      $ ("button").click(function(){
        $ ("p").toggle();
        });
        });
    </script>
    </head>
      <body>
        <button type = "button" >切换</button>
        <p >测试文字</p>
      </body>
</html>
```

（2）淡入淡出

jQuery 实现元素的淡入淡出效果可采用下面四种方法。

➢ fadeIn( )：用于淡入已隐藏的元素。

➢ fadeOut( )：用于淡出可见元素。

➢ fadeToggle( )：在 fadeIn( ) 与 fadeOut( ) 方法之间进行切换。

➢ fadeTo( )：允许渐变为给定的不透明度（值介于 0 与 1 之间）。

下面的代码使用 fadeTo( ) 方法实现不透明度变化，如图 8-5 所示。

```
<html>
  <head>
    <script src = "/jquery/jquery-3.3.1.min.js" >
</script>
    <script>
      $ (document).ready(function(){
      $ ("button").click(function(){
      $ ("#div1").fadeTo("slow",0.3);
      $ ("#div2").fadeTo("slow",0.5);
      });
      });
    </script>
```

图 8-5　fadeTo( )方法测试

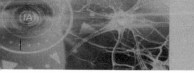

```
</head>
<body>
<button>淡出测试</button>
    <div id="div1" style="width:100px;height:100px;background-color:blue;"></div>
     <div id="div2" style="width:100px;height:100px;background-color:
green;"></div>
</body>
</html>
```

（3）滑动

jQuery 可以在元素上创建滑动效果，包括以下几种方法。

➤ slideDown( )：用于向下滑动元素。

➤ slideUp( )：用于向上滑动元素。

➤ slideToggle( )：在 slideDown( ) 与 slideUp( ) 方法之间进行切换。

（4）动画

jQuery animate( ) 方法用于创建自定义动画，格式如下。

```
$(selector).animate({params},speed,callback);
```

params 用于定义形成动画的 CSS 属性；speed 用于规定效果的时间，取以下值："slow"、"fast"；callback 是动画完成后所执行的函数名称。

下面的代码使用 animate( ) 操作多个属性，如图 8-6 所示。

图 8-6　animate( ) 操作多个属性

```
<html>
<head>
    <script src="/jquery/jquery-3.3.1.min.js">
    </script>
    <script>
      $(document).ready(function(){
      $("button").click(function(){
       $("div").animate({
       left:'200px',
       opacity:'0.3',
       height:'200px',
       width:'200px'
```

```
        });
    });
    });
    </script>
</head>
<body>
    <button>Animate 动画</button>
    < div style = " background: blue; height: 100px; width: 100px; position:
absolute;"/>
    </body>
</html>
```

（5）jQuery stop( ) 方法

jQuery stop( ) 方法用于在动画完成前将它们停止。

（6）jQuery Callback 函数

Callback 函数在当前动画 100% 完成之后执行。格式如下：

```
$(selector).hide(speed,callback)
```

（7）jQuery Chaining

Chaining 可以在一条语句中在相同的元素上允许多个 jQuery 方法。

例如下面的代码使 P 元素首先变为蓝色，然后向上滑动，然后向下滑动。

```
$("#p").css("color","blue").slideUp(3000).slideDown(3000);
```

另外，市面上提供许多 jQuery 的实现动画插件，下面介绍常用的几个。

➤ sliderBox. js 是一款 jQuery 新闻类轮播图插件，可以创建兼容 ie8、带缩略图导航以及多种过渡效果的轮播图。

➤ jquery. scrollAnimations 是一款页面滚动时动态为元素添加 class 的 jQuery 插件，结合使用 animate. css，可以为元素添加进入浏览器视口时炫酷的动画特效。

➤ jAlert 是一款兼容 ie8 的 jQuery 模态对话框插件，可以实现模态对话框，弹出窗口，Lightbox 等，并且在显示对话框时带有炫酷的动画效果。

➤ hc-mobile-nav 是一款适合移动手机的 jQuery 多级侧边栏菜单插件，可以创建移动优先的、多级的隐藏滑动侧边栏菜单，支持折叠菜单、向下展开菜单和完全展开菜单等多种展示方式。

 8.1.4 HTML5 动画制作工具

HTML5 动画制作工具可以快速制作 HTML 动画，下面是一些常用的 HTML5 动画工具。

（1）Mixeek

用来设计和运行 Web 动画和交互的免费工具，基于 JavaScript、CSS3 和 HTML5。网址：http://www. mixeek.com。

（2）Animatron

可设计和发布动画/交互的内容，在 Animatron 环境下可以快速编辑 HTML5 环境下的视频，利用它的自带动画素材库完成卡通动效。网址：https://www. animatron.com/。

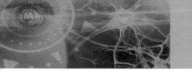
（3）HTML5 Maker

一款制作动画、文本和有感染力图像的免费工具，网址：http://html5maker.com/#/。

（4）Tumult Hype

可以创作出漂亮的 Web 内容，而且几乎不用任何的代码，可以运行在桌面、手机和 Pad 上。网址：https://tumult.com/hype/。

（5）Mugeda

Mugeda 是一个基于云平台的专业可视化环境，直接在浏览器中制作动画和交互的 HTML5 内容。无须任何代码，就可以制作富有感染力的动画内容。网址：https://www.mugeda.com/index.php。

（6）Hippo Studios

HippoStudios 是一款流行的 HTML 动画制作工具，可以制作交互动画、复杂游戏、多媒体、演示等。网址：https://www.hippostudios.co/。

（7）Blysk

一款实用工具，可以帮助 Web 设计师创造页面上的动画，有更多的交互效果。网址：http://bly.sk/。

（8）Radiapp

可以为网站创造视频、动画和图像。网址：http://radiapp.com/。

（9）Createjs

Createjs 可以创作游戏、生成艺术和更好的图形体验。网址：http://www.createjs.com/EaselJS。

（10）Kute.js

JS 动效库，内容丰富。网址：http://thednp.github.io/kute.js/。

（11）DragonBones

DragonBones 是白鹭时代推出的面向设计师的 2D 游戏动画和富媒体内容创作平台，提供了 2D 骨骼动画解决方案和动态漫画解决方案。网址：http://dragonbones.com/cn/index.html。

（12）Adobe Animate CC

Adobe Animate CC 是一款新型的 HTML 动画编辑软软件，拥有渐层支援、移动路径、直觉化的使用者界面、原生 HTML、CSS 筛选器支援、精确的动画等功能，在新的版本中还增加了绘画、插图和创作、虚拟摄像头支持、创建和管理矢量画笔、导出图像和动画 GIF、通过 CC 库共享动画资源等十多项新功能，再加上它本身的一些实用的设计工具，能够非常好地帮助网页动画设计人员在不用写代码的情况下制作用于多媒体广告、网页动画、应用程序、游戏等的交互式 HTML 动画内容。

8.2　DragonBones

DragonBones 是一款 HTML5 动画制作软件，可以应用于游戏、广告营销动画、动态漫画三大 HTML5 动画主流应用领域。

目前 DragonBones 主要包含两大部分功能：动画解决方案和动漫解决方案。

动漫解决方案实现更为生动形象的漫画展示以及用户与动漫间的多感官交互，预设了丰富的动画特效，为条漫创意之路提供充沛的灵感。

动画解决方案提供 2D 骨骼动画解决方案，打通了游戏动画设计和开发之间的工作流程，以更少的美术成本，创作出更生动的动画效果，如图 8-7 所示。

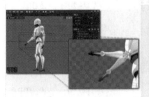

骨骼操作

为图片绑定骨骼制作动画，制作角色动作更方便，动作更逼真，动画更流畅。

基本动画项目

基本动画适合制作广告营销类的动画，支持补间动画和序列帧动画，操作简单，所见即所得。

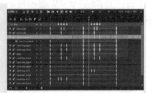

时间轴

时间轴是动画制作的核心，这里可以宏观的调节各个元件动画的关键帧，调节播放速度、动画补间等细节。

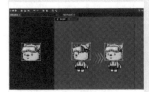

网格和自由变形

在图片矩形边界内自定义多边形，提高纹理集的空间使用率。通过移动网格点来变形图片，实现网格的扭曲，拉伸，转面等伪3D效果。

IK骨骼约束

在骨骼动画中可以通过反向动力学的方式为角色摆姿势，建立反向动力学约束，使得动作的编辑操控更方便，生成的动作更自然更逼真。

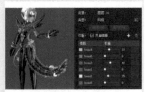

骨骼权重和蒙皮动画

将网格中的点绑定骨骼权重，骨骼的运动带动网格变形，产生图片整体的弯曲、飘动等效果。

曲线编辑器

在曲线编辑器中可以通过调整贝塞尔曲线来控制两帧之间的差值，以实现穆稳如生的动画效果。

洋葱皮工具

使用洋葱皮功能可以同时看到当前后若干帧的影图，方便更加精准的调节动画细节。

元件嵌套

项目中可以创建多个动画元件并进行任意的嵌套重用。

导入

可以导入PS生成的分层图、DragonBonesPro和FlashPro导出的龙骨数据格式，Spine和Cocos等第三方动画格式。

导出和纹理集打包

支持纹理集打包和JSON、XML格式的动画数据导出。支持序列图导出和Egret的MovieClip格式的动画数据导出。

预览和发布

在真实的运行环境预览动画效果，所见及所得，一键发布H5动画，无需编码控制，动画即可在终端设备运行。

图 8-7　动画解决方案

 8.2.1　DragonBones 基本操作

DragonBones 的下载网址：https://dragonbones. github. io/cn/download.html，如图 8-8 所示。

图 8-8　DragonBones 的下载页面

下载安装 DragonBones 后，启动软件，界面如图 8-9 所示，其中包括"学习""视频教学""在线文档""API 文档"及"5.6 新特性"等内容。

图 8-9　DragonBones 的启动界面

鼠标单击"在线文档"，打开网页 http://developer.egret.com/cn/github/egret-docs/DB/dbPro/interface/mainInterface/index.html，如图 8-10 所示。

在 DragonBones 的启动界面中单击"新建项目"，弹出如图 8-11 所示的窗口。

如果选择"创建龙骨动画"，弹出如图 8-12 所示的窗口，从列表中选择动画类。如果选择"创建动态条漫"，弹出如图 8-13 所示的窗口，从中选择使用对象。

图 8-10　DragonBones"在线文档"

图 8-11　新建项目

图 8-12　创建龙骨动画

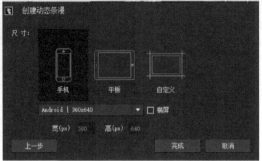

图 8-13　创建动态条漫

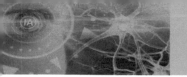

如果在"创建龙骨动画"窗口中选择"骨骼动画模板",弹出如图 8-14 所示的窗口,这是 DragonBones 最典型的界面。

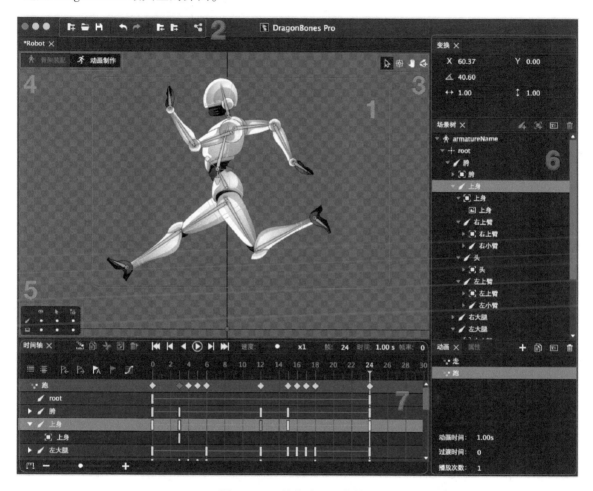

图 8-14 "骨骼动画"主界面

界面中各部分的名称和作用如下。

➤ 主场景:装配骨架和制作动画的主要操作区域。

➤ 系统工具栏:项目操作的工具栏。

➤ 主场景工具栏:鼠标模式切换的工具栏。

➤ 编辑模式切换:切换骨架装配和动画制作。

➤ 显示/可选/继承开关面板:骨架和插槽的显示/可选/继承开关面板。

➤ 其他面板:包括"场景树""层级""变换""动画""属性"和"资源"面板。

DragonBones 动画制作完成以后,即可输出,在主界面选择菜单栏中"文件">"导出"命令,弹出导出窗口,其中有 3 个选项卡。如果导出到网页,则选择 HTML 选项卡,如图 8-15 所示。

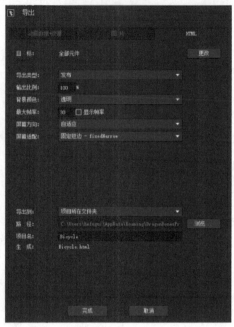

图 8-15　DragonBones 导出

8.2.2　骨骼动画——人行走

骨骼动画是 DragonBones 最核心的内容，制作骨骼动画分为两部分：骨骼装配和动画制作。

1. 骨骼装配

（1）在 DragonBones 新建骨骼动画，新建骨骼，在"场景树"面板中单击图标，选择列表的第一项 创建骨骼，在 root 根项下即创建一个子项 bone，如图 8-16 所示。

图 8-16　新建骨骼

（2）新建插槽，插槽就是骨骼表面的图片。在"场景树"面板中单击图标，选择列表的第二项 创建插槽，如图 8-17 所示。

图 8-17　新建插槽

在"场景树"面板双击任一项可以修改名称，如图8-18所示。

图8-18   修改命名

（3）设置插槽的图片。设置插槽的图片需要先导入图片资源，在"资源"面板中单击按钮，选择导入资源的文件，导入资源，如图8-19所示。

图8-19   导入资源

将资源图片拖入插槽，如图8-20所示。

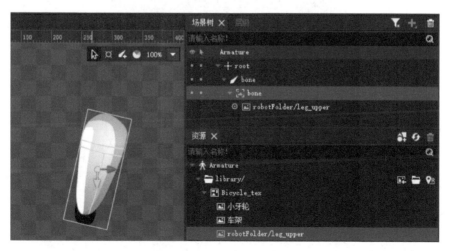

图8-20   将资源图片拖入插槽

按照上面建立骨骼、插槽和插槽图片的方法建立一个人体，如图 8-21 所示，注意"场景树"面板中的骨骼是一种树形结构，子节点从属于父节点。

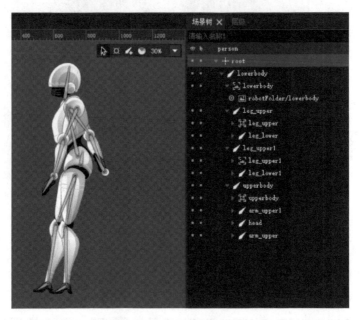

图 8-21　人体骨骼

2. 动画制作

（1）将主场景切换到"动画制作"，在"动画"面板中单击按钮 ➕，添加动画，将动画命名为 walk，如图 8-22 所示。

图 8-22　添加动画

（2）在"时间轴"面板中单击"自动关键帧"按钮 ，如图 8-23 所示。

图 8-23　设置自动关键帧

（3）在第 0 帧调节人体骨骼关节，如图 8-24 所示。

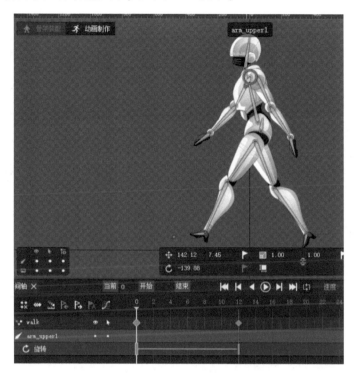

图 8-24　第 0 帧人体骨骼关节设置

（4）在第 12 帧调节人体骨骼关节，如图 8-25 所示。

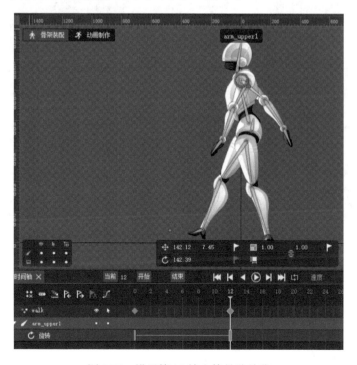

图 8-25　设置第 12 帧人体骨骼关节

（5）在"时间轴"面板中进行拷贝关键帧和粘贴关键帧操作，将第 0 帧复制到第 24 帧，如图 8-26 所示。

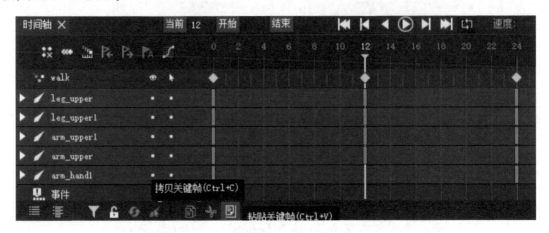

图 8-26　"拷贝关键帧"和"粘贴关键帧"

3. 预览和导出

在 DragonBones 主界面中选择菜单命令"文件" > "预览"，在浏览器中显示制作的结果，如图 8-27 所示，选择菜单命令"文件" > "导出"，可导出 HTML 的文档集合。

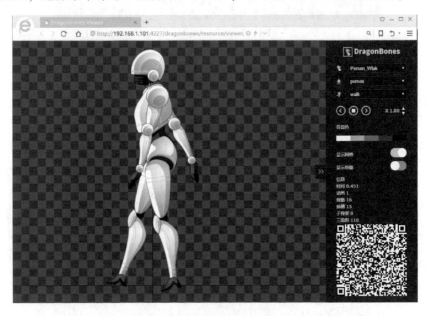

图 8-27　浏览器预览

8.2.3　动漫动画——飞舞的蝴蝶

具体制作过程如下。

（1）找一副蝴蝶图片，在 Phtoshop 中进行处理，复制图层，将背景去除，使背景为透明色，仅开启"背景拷贝"图层的 ，存储为 PNG 格式的图片文件，如图 8-28 所示。

图 8-28　Phtoshop 处理背景为透明色

（2）在 DragonBones 主界面中选择菜单命令"文件">"新建项目"，新建动态条漫，如图 8-29 所示。

图 8-29　新建动态条漫

（3）将图片 huidie.png 拖入舞台，在"动画属性"面板的"动作"选项卡，单击"添加动画"按钮，从列表中选择"翻转"，如图 8-30 所示。

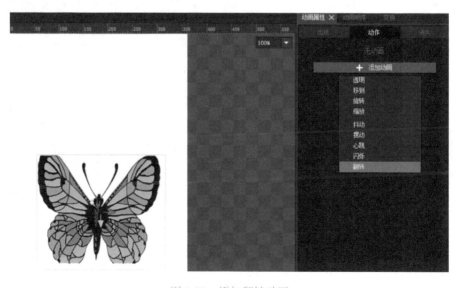

图 8-30　添加翻转动画

（4）更改速率为"缓慢"，勾选"循环动画"复选框，如图 8-31 所示。

（5）单击"添加动画"按钮，从列表中选择"移到"选项，如图 8-32 所示。

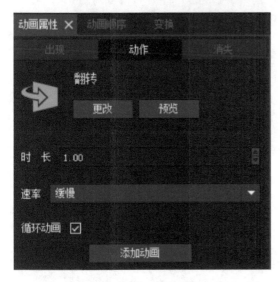

图 8-31　动画属性设置

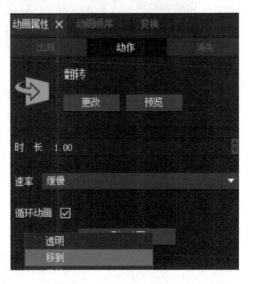

图 8-32　添加移到动画

（6）调整移到动画的路径，如图 8-33 所示。

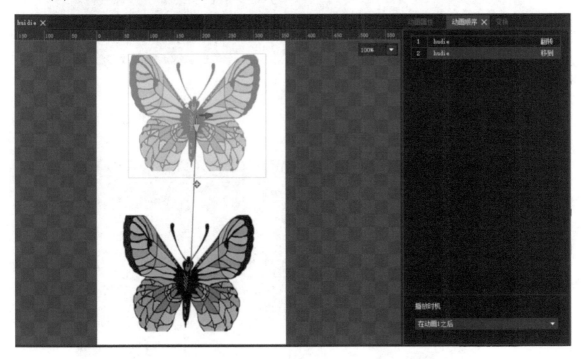

图 8-33　调整动画路径

（7）在 DragonBones 主界面中选择菜单命令"文件" > "预览"，在浏览器中显示制作的结果，如图 8-34 所示。选择菜单命令"文件" > "发布"，可导出 HTML 的文档集合。

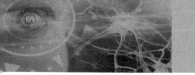

图 8-34　预览结果

8.3　Adobe Animate CC

Adobe Animate CC 由 Adobe Flash Professional CC 发展而来，2015 年 12 月 2 日 Adobe 宣布 Flash Professional 更名为 Animate CC，在支持 Flash SWF 文件的基础上，加入了对 HTML5 的支持。在 2016 年 1 月份发布新版本的时候，正式更名为 Adobe Animate CC，缩写为 An。Adobe Animate CC 为网页开发者提供了音频、图片、视频、动画等创作支持。Adobe Animate CC 拥有大量的新特性，在原有的基础上支持 HTML5 Canvas、WebGL，并能通过扩展架构支持包括 SVG 在内的几乎任何动画格式。

Adobe Animate CC 是一款 HTML 动画编辑软件，拥有移动路径、原生 HTML、CSS 筛选器支持、绘画增强、虚拟摄像头支持、创建和管理矢量画笔、导出图像和动画 GIF、通过 CC 库共享动画资源等功能，能够很好地帮助网页动画设计人员制作用于多媒体广告、网页动画、应用程序、游戏等方面的交互式 HTML 动画内容。

 ### 8.3.1　Adobe Animate CC 基本操作

Adobe Animate CC 的下载网址：https://www.adobe.com/cn/products/animate.html。下载安装后，启动 Adobe Animate CC，选择菜单命令 "文件" > "新建"，弹出的窗口如图 8-35 所示。

在 "常规" 选项卡，选择要创建的 Animate 文档类型，主要有以下几种类型。

（1）HTML5 Canvas：创建应用于 HTML5 和 Java 脚本浏览器播放的动画。

（2）Web GL：如果素材是纯动画素材，采用此方式。

（3）ActionScript 3.0：创建在浏览器的 Flash Player 中播放的动画。

（4）AIR：应用程序播放的动画。

新建文档后，Adobe Animate CC 的工作区如图 8-36 所示。

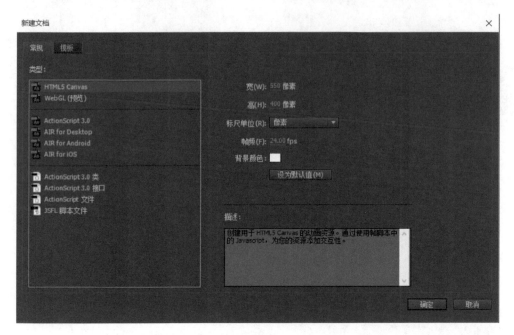

图 8-35　新建文档

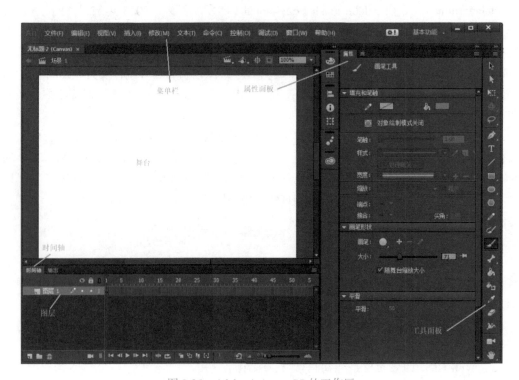

图 8-36　Adobe Animate CC 的工作区

　　Adobe Animate CC 动画制作完成后，需要进行输出操作，在 Adobe Animate CC 中即是"发布"操作，在发布之前要进行"发布设置"，选择菜单命令"文件">"发布设置"，弹出"发布设置"对话框，如图 8-37 所示。

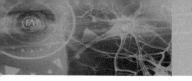

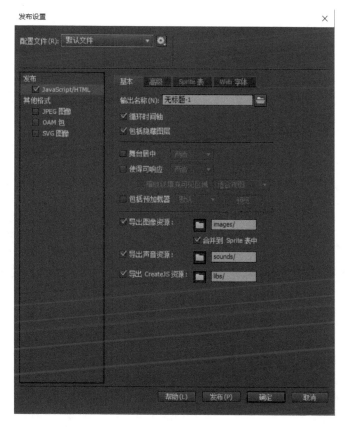

图 8-37　"发布设置"对话框

Adobe Animate CC 利用 Canvas API 发布到 HTML5，可以将舞台上创建的对象无缝地转换成 Canvas 的对应项。Adobe Animate CC 中的功能与 Canvas 中的 API 是一一对应的，因此可以将复杂的内容发布到 HTML5。发布设置选项的说明如下。

（1）输出名称：发布的名字。

（2）循环时间轴：如果选中，则循环播放；如果未选中，则播放一次。

（3）包括隐藏图层：如果未选中，则不会将隐藏图层包含在输出中。

（4）舞台居中：选项为"两者""水平"和"垂直"。

（5）使得可响应：选项为"两者""按宽度"和"按高度"。允许用户选择动画是否响应高度、宽度或这两者的变化，并根据不同的比例因子调整所发布输出的大小。

（6）包括预加载器：选择是使用默认的预加载器还是从文档库中自行选择预加载器。预加载器是在加载呈现动画所需的脚本和资源时以动画 GIF 格式显示的一个可视指示符。资源加载之后，预加载器即隐藏，而显示真正的动画。

（7）导出图像资源：导出引用图像资源的文件夹，合并到 Sprite 表中。选择该选项可将所有图像资源合并到一个 Sprite 表中。

（8）导出声音资源：导出引用文档中声音资源的文件夹。

（9）导出 CreateJS 资源：导出引用 CreateJS 库的文件夹。

Adobe Animate CC 使用 CreateJS 库发布 HTML5 内容（包括位图、矢量、形状、声音、

补间等）。CreateJS 是一个模块化的库和工具套件，中文网址：http://www.createjs.cc/，如图 8-38 所示。它支持通过 HTML5 开放的 Web 技术创建丰富的交互性内容。CreateJS 套件包括 EaselJS、TweenJS、SoundJS 和 PreloadJS。

图 8-38　CreateJS 主页

Adobe Animate CC 已经内置了 CreateJS，CreateJS 可分别使用这些库将 Adobe Animate CC 创建的内容转换为 HTML5，从而生成 HTML 和 JavaScript 输出文件，如图 8-39 所示。

图 8-39　Adobe Animate CC 动画转换为 HTML5 动画的流程

下面介绍 Adobe Animate CC 制作动画的重要概念。

（1）时间轴关键帧：动画的核心是场景的变化，变化的开始和结束是开始关键帧和结束关键帧，关键帧包含 ActionScript 代码以控制文档的某些方面的帧。可以在"时间轴"窗口选中某一帧，单击鼠标右键，在弹出的菜单中选择"插入关键帧"或"转换为关键帧"命令，建立关键帧，如图 8-40 所示。

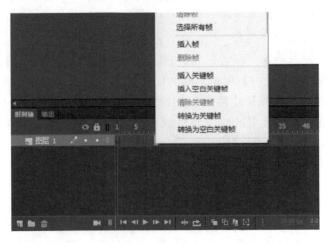

图 8-40　建立关键帧

（2）时间轴图层：对于复杂的动画，直接完成是非常困难的，必须分解为多个简单的动画，Adobe Animate CC 分解的方法有两种：图层和元件，每个图层完成一个简单动画。

（3）元件：元件本身可以是一个动画，元件有 3 种类型：图形、按钮、影片剪辑，影片剪辑是独立的一段动画，图形是依赖主时间轴播放的动画，按钮是包含弹起、指针经过、按下、点击四个关键帧的特殊影片剪辑，新建的元件在库面板中，如图 8-41 所示。

图 8-41　新建元件

（4）补间动画：两个关键帧间的过渡动画，过渡动画由 Adobe Animate CC 自动完成，也可以进行一些设置，例如缓入、缓出、加速、减速等。

（5）补间形状：两个关键帧间的过渡动画，不过两个关键帧中的元素是两个不同的形状，Adobe Animate CC 为这两帧之间的帧内插这些中间形状，创建出从一个形状变形为另一个形状的动画效果。

（6）组件：Adobe Animate CC 系统预置的库，如图 8-42 所示。

（7）动作：Adobe Animate CC 中的脚本代码，图 8-43 是脚本代码的"动作"窗口。

图 8-42　组件　　　　　　　　　图 8-43　"动作"窗口

 8.3.2 制作烛光动画

Adobe Animate CC 制作烛光动画的具体步骤如下。

（1）新建一个 HTML5 Canvas 类型的文档，背景为黑色，将图层重命名为"烛身"，使用工具面板中"椭圆"工具，禁止填充色，设置笔触色为#CF8453，画一个椭圆，选中圆并按住 Alt 键拖出两个并摆放好，再用直线连接两个椭圆，如图 8-44 所示。

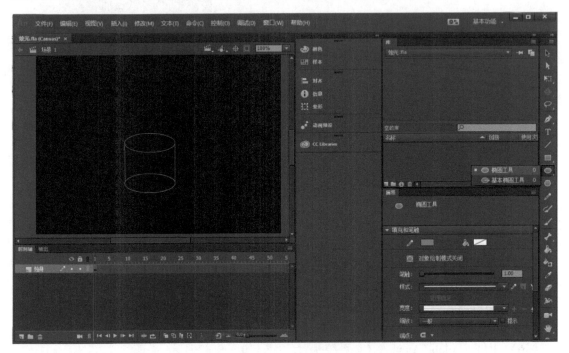

图 8-44　画烛身

（2）打开颜色面板，选择填充颜色 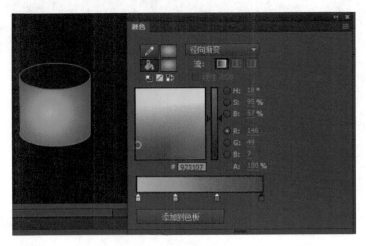 ，设置为"径向渐变"，色带色标为 F5B778、F29437、D74D1F、923107，填充烛身，如图 8-45 所示。

图 8-45　填充烛身

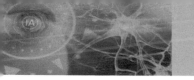

（3）同样的，设置"径向渐变"，设置色标为 F29C48、F4C402、F2912F、F29437、D74D1F、923107。填充烛身上部，用渐变变形工具 渐变变形工具 F 调整渐变的形状和位置，如图 8-46 所示。

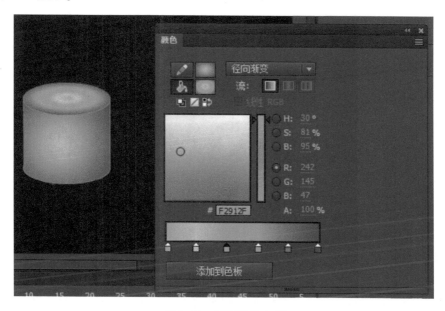

图 8-46　填充烛身上部

（4）选择菜单命令"插入">"新建元件"，设置元件名称为"火苗"，类型为"影片剪辑"，在"库"面板中双击"火苗"进入元件动画编辑。使用椭圆工具，禁止笔触色，填充线性渐变，左侧为 FFFF99，Alpha100%，右侧为 FFFF1B，Alpha30%，画椭圆，调整形状，如图 8-47 所示。

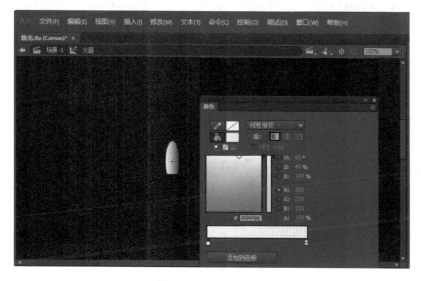

图 8-47　画火苗元件

（5）在第 50 帧插入关键帧，创建形状补间动画。在第 10 帧插入关键帧，用部分选择工

具  调整形状，注意不能调整太过，以免变形不规则。在第 20 帧插入关键帧，继续调整。以此类推，在第 30、40、50 帧插入关键帧，分别进行调整，可以根据自己的感觉进行调整，可以只做火苗伸长和压缩，做成上下窜动，也可以再加上左右摆动，如图 8-48 所示。

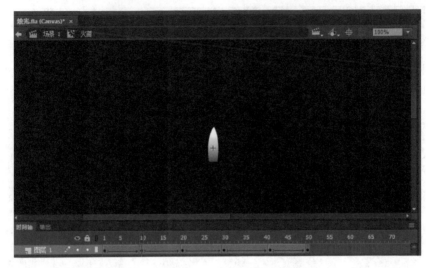

图 8-48　制作火苗动画

（6）返回到舞台的"场景"，在"时间轴"窗口中新建图层，命名为"火苗"并选中图层，将库面板中的"火苗"元件拖入场景，放置在"烛身"上方，调节好"烛身"与"火苗"位置，如图 8-49 所示。

图 8-49　将"火苗"元件拖入火苗图层的场景中

（7）选择菜单命令："文件" > "发布"，打开发布的目录，可以看到 烛光.html 和 烛光.js 两个文件。双击"烛光.html"在浏览器中打开文件，如图 8-50 所示。

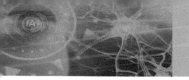

图 8-50 在浏览器中打开"烛光.html"

 8.3.3 制作喷泉动画

Adobe Animate CC 制作喷泉动画的具体步骤如下。

（1）新建一个 ActionScript 3.0 类型的文档，如图 8-51 所示。

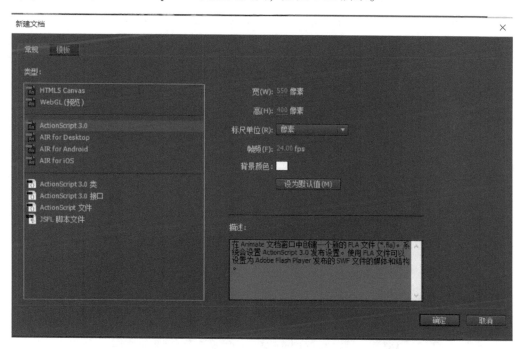

图 8-51 新建 ActionScript 3.0 类型的文档

（2）制作水的动画。新建元件，命名为"水"，类型为"影片剪辑"。实现方法如下：找一个水的图片作为"背景"图层，然后新建一个图层"水"，放置水的图片，将水部分以外的内容抠掉，和"背景"图层形成错位，然后新建一个遮罩层，画一些线，用这些线制作移动的动画，图层"水"作为被遮罩层，如图 8-52 所示。

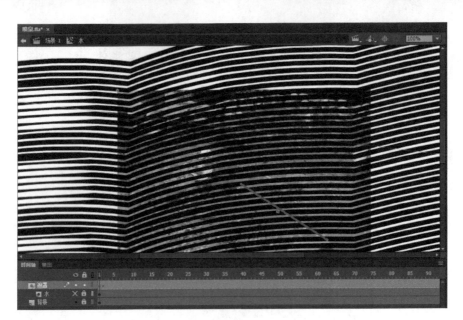

图 8-52　制作水的动画

（3）新建元件，命名为"水珠"，类型为"影片剪辑"，设置高级选项，设置类为 pall，基类为 flash.display.MovieClip，在"水珠"元件的舞台绘制一个白色的椭圆，如图 8-53 所示。

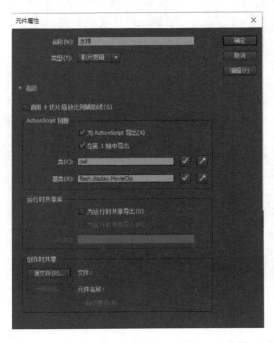

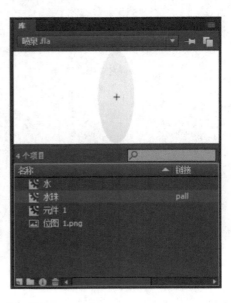

图 8-53　制作"水珠"元件

（4）返回"场景 1"，将"水"元件拖入"水"图层，新建图层，命名为"脚本"，如图 8-54 所示。

图 8-54　将"水"元件拖入"水"图层

（5）选中"脚本"图层第 1 个关键帧，单击鼠标右键，在弹出的菜单中选择"动作"命令，打开"动作"窗口，输入脚本代码，如图 8-55 所示。

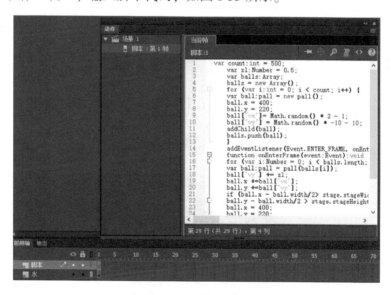

图 8-55　输入脚本代码

脚本代码如下。

```
var count:int = 500;
var zl:Number = 0.5;
var balls:Array;
```

```
balls = new Array();
for (var i:int = 0; i < count; i + +) {
var ball:pall = new pall();
ball.x = 400;
ball.y = 220;
ball["vx"] = Math.random() * 2 - 1;
ball["vy"] = Math.random() * -10 - 10;
addChild(ball);
balls.push(ball);
}
addEventListener(Event.ENTER_FRAME, onEnterFrame);
function onEnterFrame(event:Event):void {
for (var i:Number = 0; i < balls.length; i + +) {
var ball:pall = pall(balls[i]);
ball["vy"] + = zl;
ball.x + =ball["vx"];
ball.y + =ball["vy"];
if (ball.x - ball.width/2 > stage.stageWidth ||ball.x + ball.width/2 < 0 ||
ball.y - ball.width/2 > stage.stageHeight || ball.y + ball.width/2 < 0) {
ball.x = 400;
ball.y = 220;
ball["vx"] = Math.random() * 2 - 1;
ball["vy"] = Math.random() * -10 - 10;
}
}
}
```

（6）选择菜单命令："文件" > "发布"，打开发布的目录，可以看到 3 个文件，双击"喷泉 .html"，在浏览器打开文件，如图 8-56 所示。

图 8-56　在浏览器中打开 "喷泉 .html"

8.4　本章小结

HTML5 动画是目前广泛使用的网页动画，本章介绍了 HTML5 动画实现的三种形式：（1）canvas 元素结合 JavaScript；（2）纯粹的 CSS3 动画；（3）jQuery 动画。本章还详细介绍了 HTML5 动画两个流行的制作工具 DragonBones 和 Adobe Animate CC 的使用方法。

第9章

Cinema 4D制作3D特效

Cinema 4D 是德国 Maxon 公司出品的一套整合 3D 模型、动画与算图的高级三维绘图软件，其特点是高速的图形计算速度和令人惊叹的渲染器和粒子系统。它包含了多种现代 3D 所需的强大易建模工具，可以面向打印、出版，设计及创造产品视觉效果。

9.1 Cinema 4D 简介

Cinema 4D 字面意思是 4D 电影，不过其本身是 3D 的表现软件，由德国 Maxon 开发，以极高的运算速度和强大的渲染插件著称，很多模块的功能在同类软件中性能卓越，并且在各类电影中表现突出，随着其技术越来越成熟，该软件受到越来越多特效制作公司的重视。

Cinema 4D 广泛应用在广告、电影、工业设计等方面。例如大家熟悉的影片《范海辛》《蜘蛛侠》《极地特快》《阿凡达》，都使用 Cinema 4D 制作了部分场景，可以看出它的表现是很优秀的。它正成为许多一流艺术家和电影公司的首选，Cinema 4D 已经走向成熟。

Cinema 4D 的主页为 https://www.maxon.net/cn/，Cinema 4D 最新版本为 Cinema 4D Release 20，如图 9-1 所示。

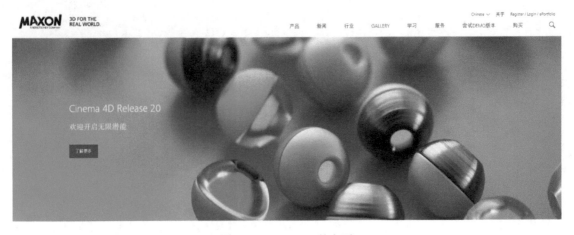

图 9-1　Cinema 4D 的主页

Cinema 4D 共有 5 个类型版本，如图 9-2 所示。

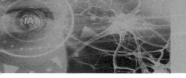

图 9-2　Cinema 4D 的 5 个类型版本

5 个类型版本分别为 Cinema 4D Studio、Cinema 4D Prime、BodyPaint 3D、Cinema 4D Broadcast、Cinema 4D Visualize。其中，Cinema 4D Studio 不仅整合了 Cinema 4D Prime、Cinema 4DVisualize 和 Cinema 4D Broadcast 的所有功能，还具有高级角色工具、毛发系统、物理引擎系统和不限用户数量的网络渲染工具，可以轻松地解决绝大多数工作任务。BodyPaint 3D 是一个 3D 绘图工具，除 BodyPaint 3D 外其余四种版本的比较如图 9-3 所示。

Cinema 4D Prime
Professional 3D Starts Here

Cinema 4D Broadcast
The 3D motion graphics powerhouse

Cinema 4D Visualize
The professional solution for architects & designers

Cinema 4D Studio
Everything you need for high-end 3d

INCLUDES THE FOLLOWING FEATURES:

- Modeling
- Materials & Texturing
- Lighting
- Animation
- Camera
- Advanced Renderer
- UV Editing
- Extensive API: C++, Python
- Prime Library incl. materials, objects & presets

INCLUDES ALL FEATURES OF CINEMA 4D PRIME AND:

- Physical Renderer
- OpenVDB Volume Modeling
- Advanced Camera Tools
- Teamrender (3 Nodes)
- MoGraph Tools
- Broadcast Library, incl. materials, cameras and objects

INCLUDES ALL FEATURES OF CINEMA 4D PRIME AND:

- Physical Renderer
- Advanced Camera Tools
- Teamrender (3 Nodes)
- Sketch & Toon
- Visualization Library, incl. materials, presets and architectural objects

INCLUDES ALL FEATURES OF ALL OTHER PACKAGES

- Physical Renderer
- Advanced Camera Tools
- Teamrender (unlimited Nodes)
- MoGraph Tools
- Sketch & Toon
- Dynamics
- Sculpting
- Hair System
- Advanced Character Tools
- Motion/Object Tracker
- all Librarys, Advanced presets and demo scenes

图 9-3　Cinema 4D 类型版本的比较

9.2 Cinema 4D 基本操作

可以从 Cinema 4D 的主页下载试用版本，试用版包含了 Cinema 4D 的大部分功能，本书选用 Cinema 4D Studio R19 版本，下载后开始安装，如图 9-4 所示。

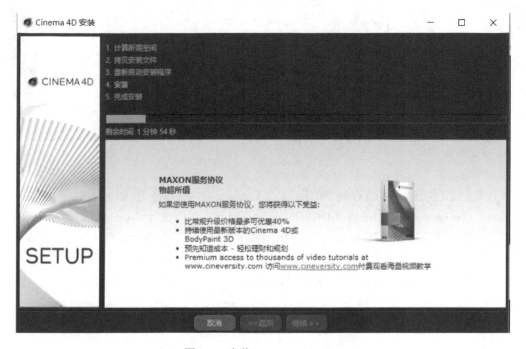

图 9-4 安装 Cinema 4D Studio

Cinema 4D 同时还发布了强大的预设库，包含众多的预置物品、材质和场景，这些预设可以使创作三维作品更加容易。使用这些预设，无须在建模上花费太多时间，从而快速构造出作品。用户在其中可以找到众多的资源，包括模型、材质及定制化的预设。

Cinema 4D 的预设库可扩展，预设库是一种资源库，预设文件格式为 .lib4d，下载预设库文件以后，复制到 Cinema 4D 的安装目录的 library/browser 文件目录，如图 9-5 所示。

Windows (C:) > Program Files > MAXON > Cinema 4D R19 > library > browser			
名称 ^	修改日期	类型	大小
default presets.lib4d	2017/8/8 2:33	LIB4D 文件	5,956 KB
Studio.lib4d	2018/8/15 15:48	LIB4D 文件	3,437,950...

图 9-5 预设库存放文件目录

复制完成后，重新启动，在 Cinema 4D 的主界面，选择菜单命令："窗口" > "内容浏览器"，打开窗口，就可以看到刚才复制的 Studio. lib4d 库的内容，如图 9-6 所示。

目前市面上有不少提供预设资源的网站，例如 http://lib4d. c4d. cn/网页中就提供了各种预设资源，如图 9-7 所示。

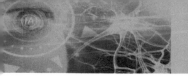

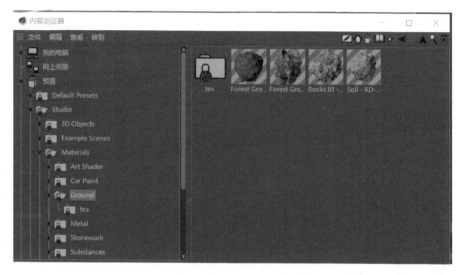

图 9-6　Studio. lib4d 库

Car 3D Models Collection-汽车
lib4d - [模型预设]
2018-8-5 上传
361 人气 / 52 评论 / 4 推荐
　　　　　　　　Upload by

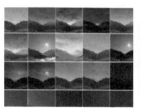

70个C4D物理天空预设 Physical
lib4d - [环境预设]
2018-7-16 上传
1124 人气 / 105 评论 / 16 推荐
　　　　　　　　Upload by

C4D Octane灯光工具预设 Octa
lib4d - [灯光预设]
2018-7-13 上传
1186 人气 / 110 评论 / 13 推荐
　　　　　　　　Upload by

30个C4D Octane科幻金属材质
lib4d - [材质预设]
2018-7-13 上传
1905 人气 / 230 评论 / 18 推荐
　　　　　　　　Upload by

C4D砖墙快速生成预设 Tile Effec
lib4d - [模型预设]
2018-7-6 上传
564 人气 / 39 评论 / 6 推荐
　　　　　　　　Upload by

C4D草坪生成器预设 Grass Kit v
lib4d - [模型预设]
2018-6-26 上传
1321 人气 / 134 评论 / 10 推荐
　　　　　　　　Upload by

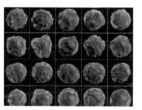

C4D石头预设3D模型 TFMSTYL
lib4d - [模型预设]
2018-6-22 上传
1098 人气 / 123 评论 / 7 推荐
　　　　　　　　Upload by

10个C4D颓废建筑材质预设 pozz
lib4d - [材质预设]
2018-6-15 上传
1042 人气 / 83 评论 / 7 推荐
　　　　　　　　Upload by

图 9-7　预设资源

Cinema 4D 主界面如图 9-8 所示。

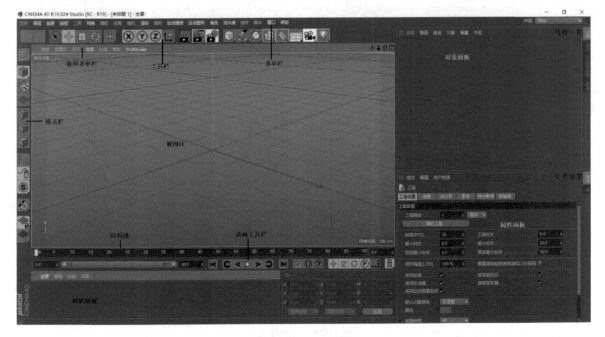

图 9-8　Cinema 4D 主界面

（1）菜单栏：Cinema 4D 所有的功能操作都包含在菜单栏的菜单里面。

（2）工具栏：工具栏中的每一项都是菜单项的快捷操作，将光标悬停在工具图标上，会弹出字幕，显示该工具的名称及快捷键。

（3）视图区：Cinema 4D 制作的内容的可视区域。

（4）视图菜单栏：材质视图的功能菜单。

（5）动画工具栏：制作动画使用的工具。

（6）材质面板：为视图区的对象添加表面材质。

（7）属性面板：视图区的对象的属性及属性值。

（8）对象面板：视图区的对象及之间关系。

（9）模式面板：设置视图区对象的点、线、面模式。

Cinema 4D 制作完成后，可以输出为图片、图片序列和视频，在输出前需要进行设置，在 Cinema 4D 的主界面中选择菜单命令："渲染">"编辑渲染设置"，弹出"渲染设置"窗口，如图 9-9 所示。

输出设置完成以后，在 Cinema 4D 的主界面中选择菜单命令："渲染">"添加到渲染队列"，然后选择菜单命令："渲染">"渲染队列"，弹出"渲染队列"窗口，单击"开始渲染"按钮，渲染结束后，即生成视频文件或图片序列文件，如图 9-10 所示。

在"渲染队列"窗口中双击其中的图片，弹出如图 9-11 所示的窗口，可以看到每一帧的输出状态。

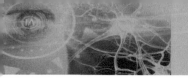

图 9-9　"渲染设置"窗口

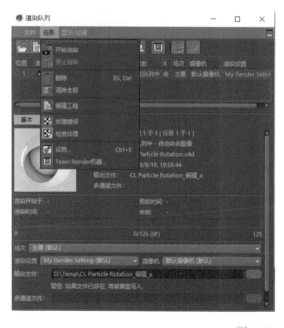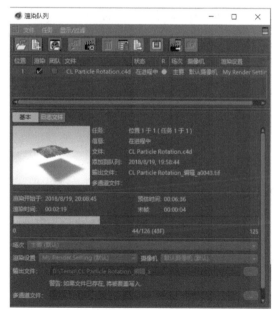

图 9-10　渲染输出

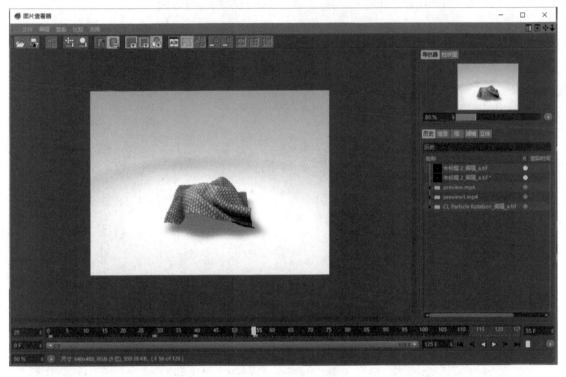

图9-11 图片查看器

9.3 模拟标签

Cinema 4D 提供了许多标签制作效果和动画，模拟标签是其中的一个，模拟标签可以模拟自然环境中物体落体运动，这些物体主要包括刚体、柔体、布料等，如图 9-12 所示。

模拟标签的两种运动模拟如图 9-13 所示。

图9-12 模拟标签

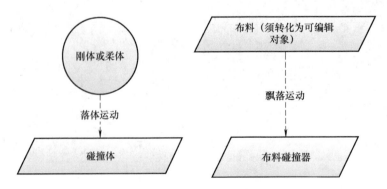

图9-13 模拟标签的运动模拟

 9. 3. 1　圆球抖落

圆球抖落动画实现步骤如下。

（1）在 Cinema 4D 中新建一个文档，在"工具栏"中选择"地面"工具，选择其中的"地面"和"天空"，在"材质对象"面板中新建材质，将材质赋给"地面"和"天空"，如图 9-14 所示。

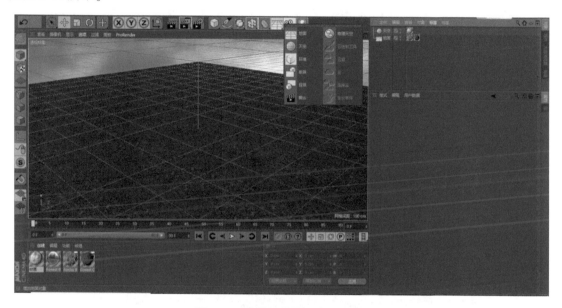

图 9-14　设置"地面"和"天空"

（2）新建一个球体对象，赋给材质，选择菜单命令"运动图形">"克隆"，如图 9-15 所示。

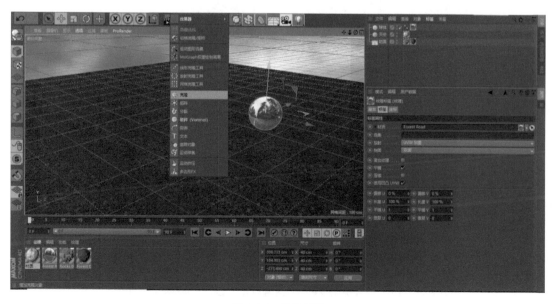

图 9-15　新建球体

（3）使"球体"作为"克隆"的子对象，在"属性"面板中设置属性"模式"为"网格排列"、"数量"均为"5"、"尺寸"均为"200cm"，其他参数保持默认设置，如图9-16所示。

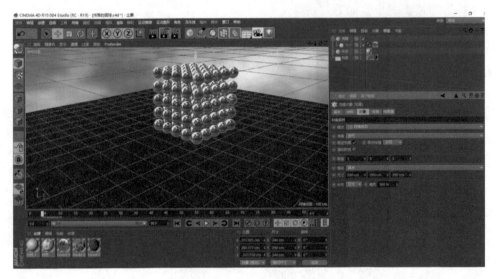

图9-16　设置"克隆"属性

（4）在"对象"面板中，选中"球体"，单击鼠标右键，选择"模拟标签"中的"刚体"命令，选中"地面"，单击鼠标右键，选择"模拟标签"中的"碰撞体"命令，如图9-17所示。

图9-17　选中"模拟标签"中的"刚体"和"碰撞体"命令

（5）现在即形成了动画，在"动画"工具栏中单击"播放"按钮▶，可以看到动画效果，如图9-18和图9-19所示。

图9-18　动画开始

图 9-19　动画结束

（6）最后即可渲染输出。

9.3.2　布料飘落

飘落的布落动画实现步骤如下。

（1）在 Cinema 4D 中新建一个文档，在"工具栏"中选择"天空"工具，在"材质对象"面板中新建材质，将材质赋给"天空"，在"工具栏"中选择"立方体"工具，选择"平面"工具，将平面作为地面，将材质赋给"平面"，选择"多边形"工具，给出布料，设置其属性，如图 9-20 所示。

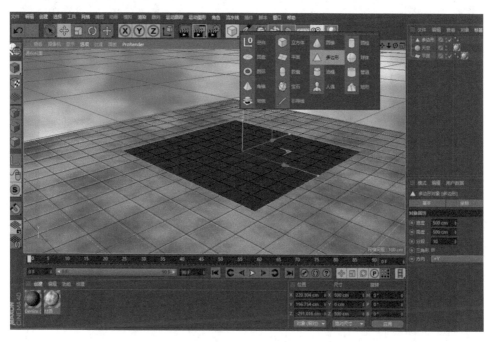

图 9-20　绘制地面和布料

（2）在"对象"面板中选择"多边形"对象，将其转化为可编辑对象，适当调整表面，如图 9-21 所示。

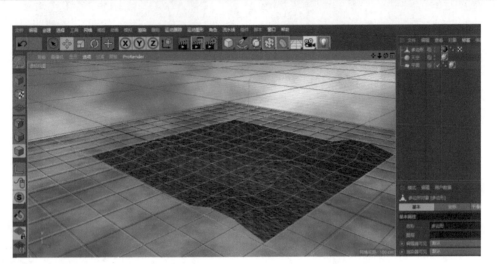

图 9-21　转化为可编辑对象并调整

（3）在 Cinema 4D 主界面中选择菜单命令："模拟">"布料">"布料曲面"，新建"布料曲面"对象，在"工具栏"中选择"细分曲面"工具，新建"细分曲面"对象，设置对象之间的隶属关系，如图 9-22 所示。

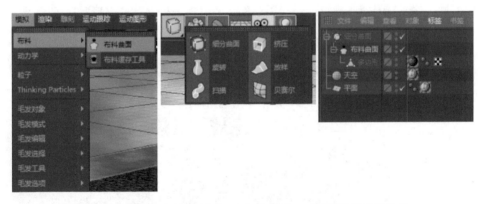

图 9-22　新建"布料曲面"和"细分曲面"对象并设置隶属关系

（4）在"对象"面板中选中"多边形"，单击鼠标右键，选择"模拟标签"中的"布料"命令，选中"平面"对象，单击鼠标右键，选择"模拟标签"中的"布料碰撞器"命令，如图 9-23 所示。

图 9-23　选择"布料"和"布料碰撞器"命令

（5）设置"布料"标签的属性，如图 9-24 所示。

图 9-24　设置"布料"标签的属性

（6）现在即形成了动画，在"动画"工具栏中单击"播放"按钮 ▶，可以看到动画效果，如图 9-25 所示。

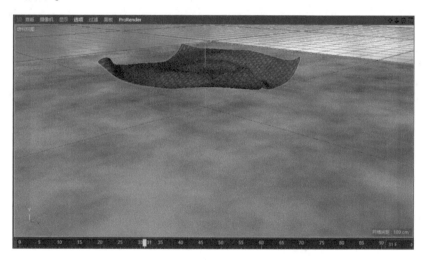

图 9-25　播放动画

（7）最后即可渲染输出。

9.4　Cinema 4D 运动图形

Cinema 4D 的运动图形（MoGraph）系统提供了全新的维度和方法，将类似矩阵式的构图模式变得极为简单和方便，一个简单的物体，经过奇妙的排列和组合，再配合各种效应器的协调，可以将简单的图形实现奇妙的效果。

9.4.1　Cinema 4D 运动图形菜单

Cinema 4D 的"运行图形"菜单如图 9-26 所示。

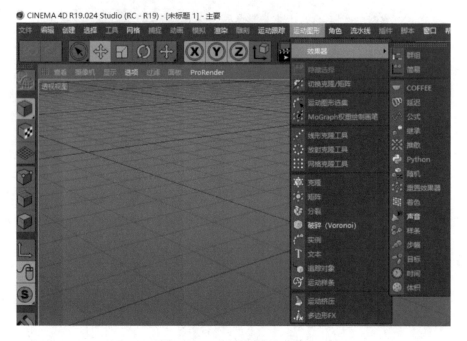

图 9-26　"运行图形"菜单

　　MoGraph 的核心是强大而简单的克隆工具，可以轻易地克隆出任何物体，可以沿着一条线、圆环或网格进行分布，也可以将这些物体克隆到其他的物体或线条上。

　　在物体克隆模式下，物体可以被克隆到其他物体的点、边或是多边面的中心上，抑或是随机地沿着物体的表面进行克隆。可以通过更改关键帧参数来调整克隆数量、空间分布及其他特性。使用 MoGraph 的其他功能可以轻松创建挤出的文字、碎片、经过置换的物体以及挤出的 Logo（Logo 需要是线条化的），这些物体都是实时可见的。在 MoGraph 中，效果器可以被运用到几乎每一个 MoGraph 生成器之上，这些组合可以将 MoGraph 作品变得奇妙无比。也可以通过公式效果器来按照数学公式控制这些参数，还可以为音频文件添加声音效果器。Cinema 4D 中效果器可以按任何方式组合使用，为动画的创作提供无数的可能。

　　下面介绍一些典型的效果器。

　　（1）着色效果器：着色效果器通过识别纹理贴图的灰度级别控制克隆的选项。为了实现这一效果，这一纹理贴图需要被投射至克隆体上。

　　（2）声音效果器：声音效果器通过将特定频率下的幅度映射到克隆对象，将音频转换为动画。

　　（3）样条效果器：样条效果器可以将克隆物体沿着一条样条进行排布，比如第一个克隆物体在曲线的顶端，而最后一个克隆物体在样条的末尾。

　　（4）延迟效果器：延迟效果器可以使其他效果器的动作产生延迟，可作用于位置、大小以及旋转，这可以避免画面中的运动突然开始，形成延迟效果。

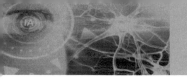
9.4.2　文字变碎片的抖落动画

下面以文字变碎片的抖落动画为例进行说明，具体步骤如下。

（1）在 Cinema 4D 的主界面中选择菜单命令："文件" > "新建"，新建一个文档。使用"工具栏"中对象绘图工具，在视图区绘制 3 个对象：立方体、球体、宝石，如图 9-27 所示。

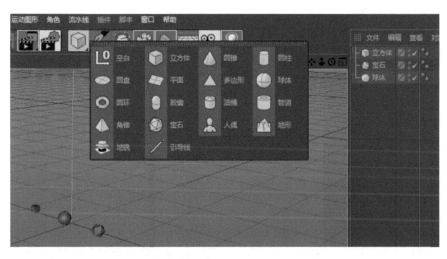

图 9-27　绘制立方体、球体、宝石

（2）在"材质"面板中选择菜单命令："创建" > "新材质"，在材质的"属性"面板的"纹理"中选择"表面" > "大理石"，如图 9-28 所示。

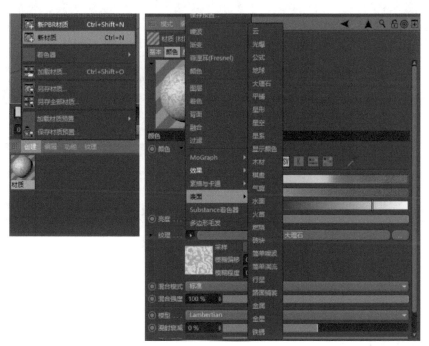

图 9-28　新建材质

（3）再新建两个材质，然后把 3 个材质分别赋予 3 个对象：立方体、球体、宝石，如图 9-29 所示。

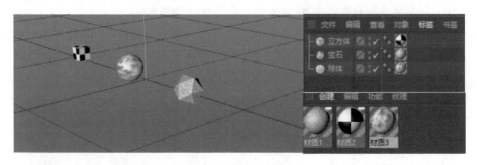

图 9-29　制作立方体、球体、宝石的材质

（4）在 Cinema 4D 的主界面中选择菜单命令："运动图形" > "克隆"，将 3 个对象立方体、球体、宝石分别作为"克隆"的子对象，在"克隆"的"属性"面板中，设置"数量"为 9，"步幅尺寸"为 16%，如图 9-30 所示。

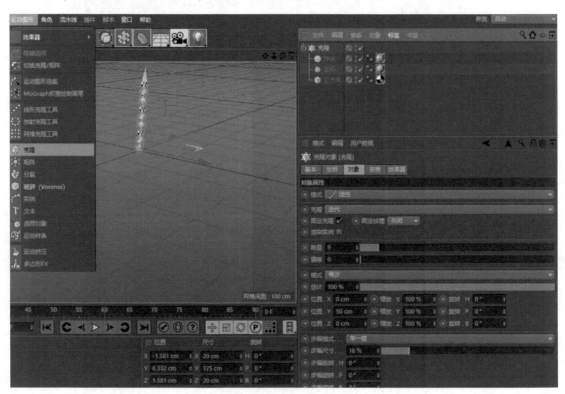

图 9-30　克隆立方体、球体、宝石

（5）在 Cinema 4D 的主界面中选择菜单命令："运动图形" > "文本"，在"文本"的"属性"面板中，设置"文本"为 MG，"高度"为 260cm，如图 9-31 所示。

（6）单击"工具栏"中"阵列" > "连接"，新建连接，将"文本"作为"连接"的子对象，如图 9-32 所示。

图 9-31　新建"文本"

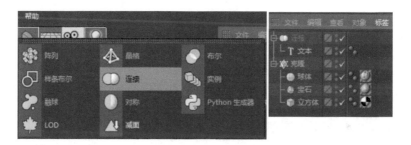

图 9-32　新建"连接"

（7）在"对象"面板中选择"克隆"，在"克隆"的"属性"面板中设置属性"模式"为"对象"，属性"对象"为"连接"，如图 9-33 所示。

图 9-33　设置"克隆"属性

（8）在"对象"面板中，选择"连接"，将后面的小圆点改成红色，隐藏"连接"，在"克隆"的属性面板中，设置属性"分布"为"体积"，设置属性"数量"为400，如图9-34所示。

图9-34　调整"克隆"属性

（9）在"对象"面板中，选择"克隆"，选择菜单命令："运动图形" > "效果器" > "随机"，如图9-35所示。

图9-35　添加随机效果器

（10）在"对象"面板中，选择"随机"，在"属性"面板中取消勾选"位置"属性，如图9-36所示。

（11）在"工具栏"中单击"地面"工具，设置地面，如图9-37所示。

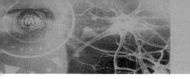

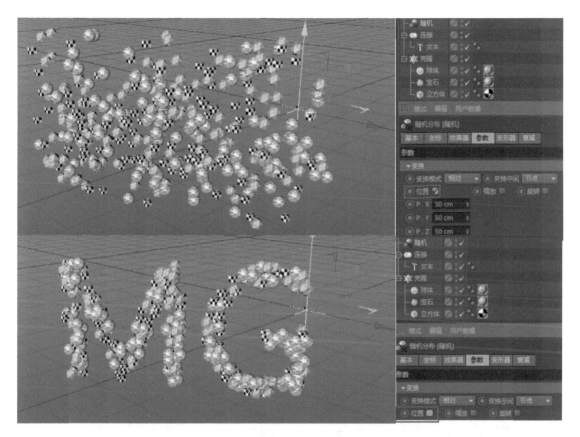

图 9-36　取消勾选 "位置" 属性

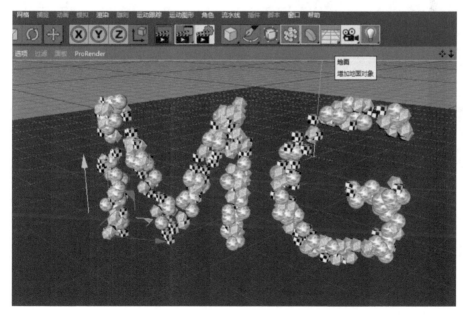

图 9-37　设置地面

（12）在"对象"面板中同时选择对象"地面"和"克隆"，右键单击"克隆"，选择菜单命令："模拟标签">"刚体"，如图9-38所示。

图9-38 添加运动"刚体"

（13）选择"克隆"对象，在"属性"面板中选择"碰撞"，设置属性"独立元素"为"全部"，形成文字抖落的动画效果，如图9-39所示。

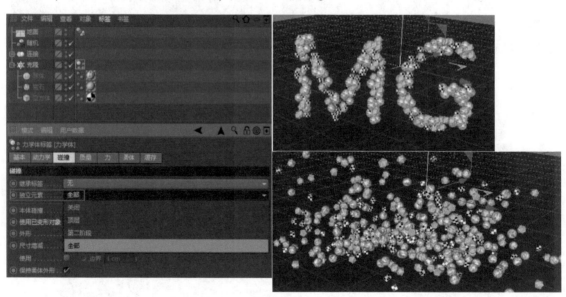

图9-39 形成文字抖落动画效果

（14）在Cinema 4D的主界面中选择菜单命令："渲染">"编辑渲染设置"，设置输出格式为MP4，选择菜单命令："渲染">"添加到渲染队列"，然后选择菜单命令："渲染">"渲染队列"，弹出"渲染队列"窗口，单击"开始渲染"按钮，渲染结束后，即生成视频文件，如图9-40所示。

图 9-40　输出视频

9.5　Cinema 4D 角色动画

　　Cinema 4D 提供了一系列可靠易用的角色动画工具，这些工具可以创造活灵活现的动画角色，并且可以让动画的操作更为简便。其中的一些高级功能包括四元法标签以及对于反向动力学的自动重绘。

　　Cinema 4D Studio 提供的功能可以让专业的角色动画设计工作变得更为容易。

　　（1）角色对象

　　角色对象可以轻松地绑定任何物体，这一过程是由预设模板完成的。绑定系统的模板支持二足动物、四足动物和鱼类等。自动镜像功能可以镜像化地创建并调整动画角色，当需要调整角色的绑定设置时，只需要将这一功能拖拽至所需要绑定的模型上，就会自动分配权重，并且将模型绑定。在完成这一简单的操作后，即有了简便易行的控制器，动画角色也将随之变得栩栩如生。也可以使用角色部件功能来创建高度定制化的动作，即使这样，设置物体和继承关系也是非常容易的。这些部件可以被打包至一个模板之中，可以使用这个模板和角色对象来进行创作。Cinema 4D 工具集提供了很强大的工具（例如 Python 脚本），所有这些工具都可以被用来为这个物体设置属性。

　　（2）角色组件

　　使用角色组件可以设定物体之间的继承关系，这些部件可以被打包至一个模板之中，使用这个模板和角色物体来进行创作。如果想快速建立角色动画，可以使用角色部件来创建。

（3）使用 C-Motion 制作行走循环

在设置绑定角色的参数时，可以使用运动物体来实现参数化的循环运动，从而轻松地将典型的循环、移动预设运用到动画角色中；也可以使用函数曲线精细地调整相应的参数；还可以将一条曲线设置为运动路径，甚至将一个平面设置为地板，这样一来，动画角色将与这些物体进行互动，并进行相应的运动。优化过的肌肉系统与特殊设计的变形器可以让有机生物体更加自然地运动。C-Motion 步幅物体可以让循环运动的动画调节得更加完美。

 9.5.1　Mixamo3D 人物模型和动画平台

Mixamo 是基于 Web 版的在线 3D 动漫角色平台，提供各种 3D 人物模型和动画的免费下载，可以帮助开发人员更容易地创建出 3D 人物动画。用户可以直接上传设计的 3D 人物或使用 Mixamo 提供的角色进行创作。Mixamo 的主页：https://www.mixamo.com/，如图 9-41 所示。

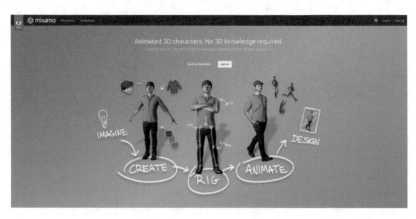

图 9-41　Mixamo 主页

Mixamo 平台提供 3D 人物模型和动画，人物模型如图 9-42 所示，动画如图 9-43 所示。

图 9-42　Mixamo 提供的人物模型

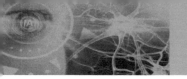

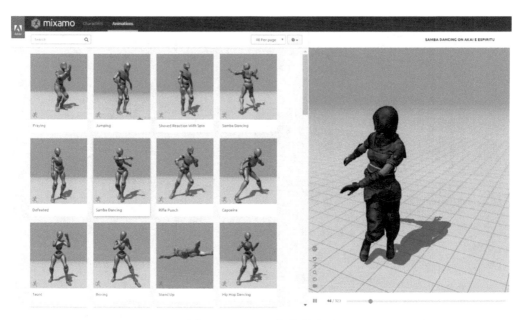

图 9-43　Mixamo 提供的动画

Mixamo 平台提供可免费下载的 3D 人物模型和动画，注册简单，注册后可以直接下载，如图 9-44 所示。

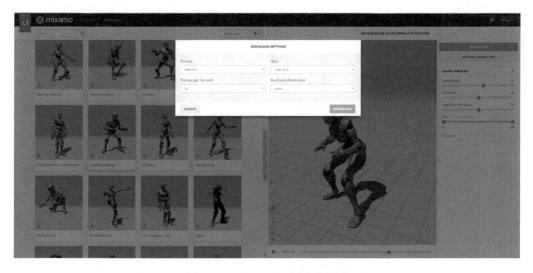

图 9-44　在 Mixamo 平台中下载

 9.5.2　CMotion 实现人物路径运动

下面使用 Cmotion 实现人物按照设计的路径行走，方法如下。

（1）从 Mixamo 平台下载选择 Samba Dancing 作为人物，如图 9-45 所示。

（2）在 Cinema 4D 中新建一个文档，在主界面中选择菜单命令："文件" > "合并"，将下载的动画文件 Samba Dancing. fbx 导入，如图 9-46 所示。

图 9-45　下载 Samba Dancing

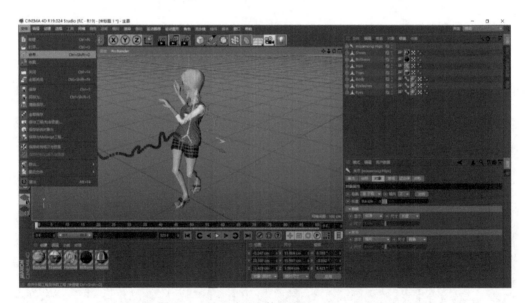

图 9-46　导入动画文件 Samba Dancing. fbx

（3）选择菜单命令："角色" > "CMotion"，新建一个 CMotion 对象，如图 9-47 所示。

图 9-47　新建 CMotion 对象

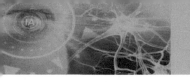

（4）设置"地面"和"天空"，赋予材质，使用"圆环"工具，在视图区画一个圆，调整到水平，作为运动的路径，如图 9-48 所示。

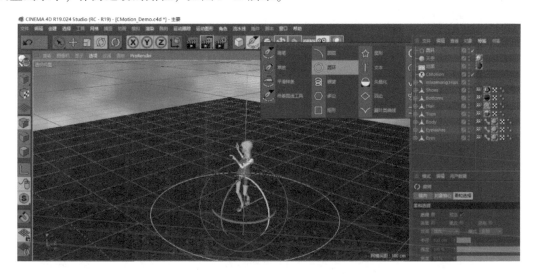

图 9-48　画运动的路径

（5）将圆环转化为可编辑对象，在"对象"面板中选中 CMotion，在"属性"面板，将对象 mixamorig：Hips 拖入"属性"面板的"对象"标签内，设置"行走"属性的类型为"路径"，属性"路径"为"圆环"，如图 9-49 所示。

图 9-49　设置 CMotion 属性

（6）在"动画"工具栏中播放动画，如图9-50所示。

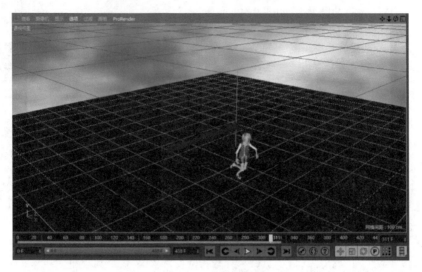

图 9-50　播放动画

（7）最后渲染输出。

9.6　RealFlow 插件实现流水动画

Cinema 4D 具有可扩展插件的功能，市面上提供了各种丰富的 Cinema 4D 插件。

RealFlow 是由西班牙 Next Limit 公司出品的流体动力学模拟软件，可以计算真实世界中液体物体的运动，RealFlow 提供了一系列精心设计的工具，如流体模拟（液体和气体）、网格生成器、带有约束的刚体动力学、弹性、控制流体行为的工作平台和波动、浮力。可以将几何体或场景导入 RealFlow 来设置流体模拟。在模拟和调节完成后，将粒子或网格物体从 RealFlow 导出到其他主流 3D 软件中进行照明和渲染。

下载后安装 RealFlow 插件，如图9-51所示。安装完成以后启动 Cinema 4D，出现 Real-Flow 菜单。

图 9-51　安装 RealFlow 插件

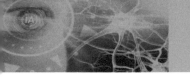
下面使用 RealFlow 插件实现水流动画，方法如下。

（1）在 Cinema 4D 中新建一个文档，在"工具栏"中选择"圆柱"工具，设置参数，如图 9-52 所示。

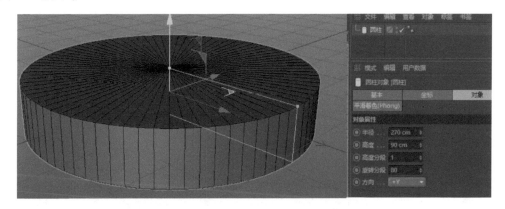

图 9-52　绘制圆柱

（2）将"圆柱"转化为"可编辑对象"，在"模式"工具栏中选择"点"工具，将圆柱的上盖去掉，如图 9-53 所示。

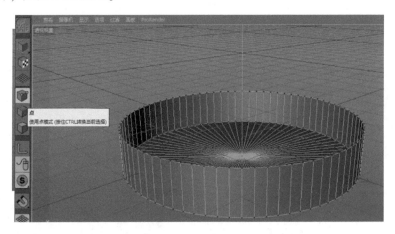

图 9-53　去掉圆柱的上盖

（3）在"工具栏"中选择"圆柱"，再绘制一个小圆柱，设置参数，如图 9-54 所示。

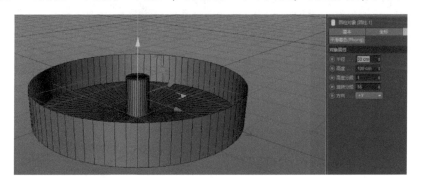

图 9-54　绘制一个小圆柱

（4）在 Cinema 4D 的主界面中选择菜单命令："运动图形" > "克隆"，新建"克隆"，将小圆柱作为"克隆"的子对象，在"属性"面板中设置"克隆"的属性，调整"克隆"的方向，如图 9-55 所示。

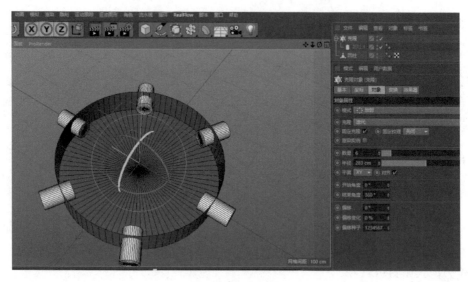

图 9-55　克隆小圆柱

（5）选中大圆柱，在"工具栏"中选择"布尔"，如图 9-56 所示。

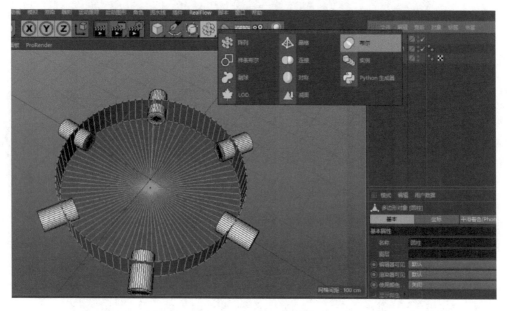

图 9-56　选择"布尔"

（6）使"圆柱"和"克隆"为"布尔"的子对象，且"圆柱"在上，在"布尔"的"属性"面板中设置"布尔类型"为"AB 布集"，勾选"隐藏新的边"复选框，如图 9-57 所示。

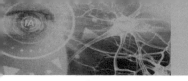

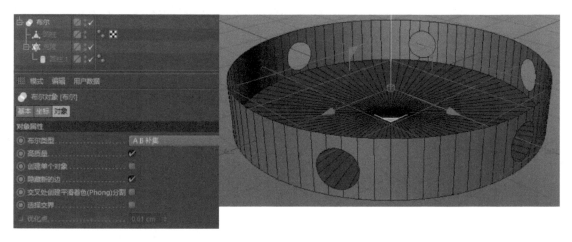

图 9-57　设置"布尔"属性

（7）在"对象"面板中选中所有对象，转化为"可编辑对象"，如图 9-58 所示。

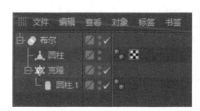

图 9-58　转化为可编辑对象

（8）在 Cinema 4D 的主界面中选择菜单命令：RealFlow > Emitters > "圆柱"，设置为圆柱形发射，如图 9-59 所示。

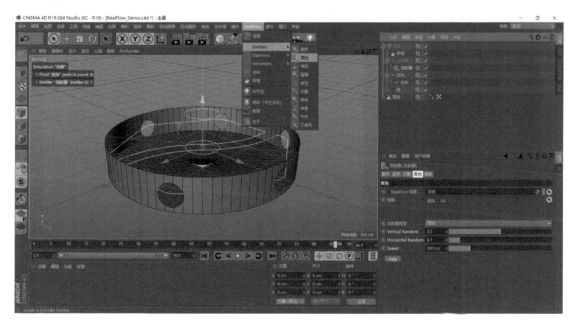

图 9-59　RealFlow > Emitters > "圆柱"

（9）在"对象"面板中选择"圆柱"，单击鼠标右键，选择菜单命令"RealFlow 标签" > "碰撞体"，如图 9-60 所示。

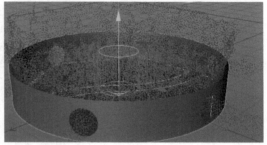

图 9-60　设置"圆柱"为 RealFlow"碰撞体"

（10）在 Cinema 4D 的主界面中选择菜单命令：RealFlow > Daemons > "重力"，使水流受到重力作用，如图 9-61 所示。

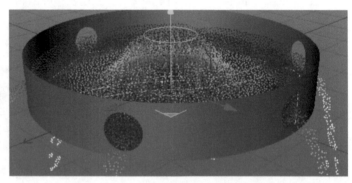

图 9-61　RealFlow > Daemons > "重力"

（11）在 Cinema 4D 的主界面中选择菜单命令：RealFlow > "网络"，如图 9-62 所示。

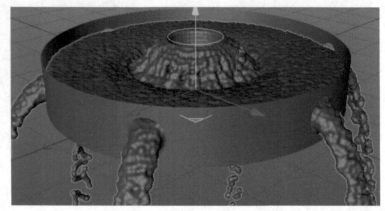

图 9-62　RealFlow > "网络"

（12）改变水的材质，在"材质"面板中导入水的材质，选中其中一种材质，拖到"对象"面板的"网络"对象上，如图 9-63 所示。

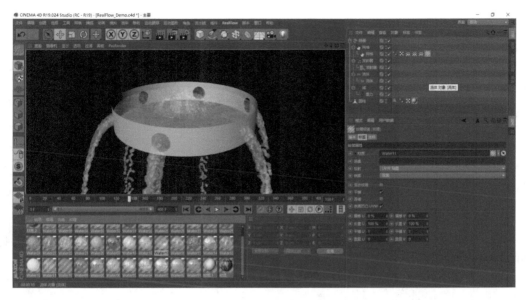

图 9-63　设置水的材质

（13）在 Cinema 4D 的主界面中选择菜单命令："渲染"＞"编辑渲染设置"，设置输出格式为 AVI 或 MP4，单击菜单命令："渲染"＞"添加到渲染队列"，然后单击菜单命令："渲染"＞"渲染队列"，弹出"渲染队列"窗口，单击"开始渲染"按钮，渲染结束后，即生成视频文件。

 ## 9.7　After Effects 与 Cinema 4D

After Effects 和 Cinema 4D 有着比较紧密的转换关系，在 After Effects 中可以导入 Cinema 4D 文件，如图 9-64 所示，导入结果如图 9-65 所示。

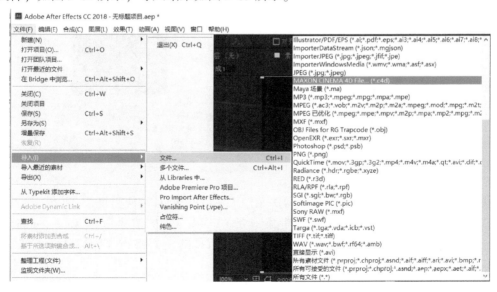

图 9-64　After Effects 中导入 Cinema 4D 文件

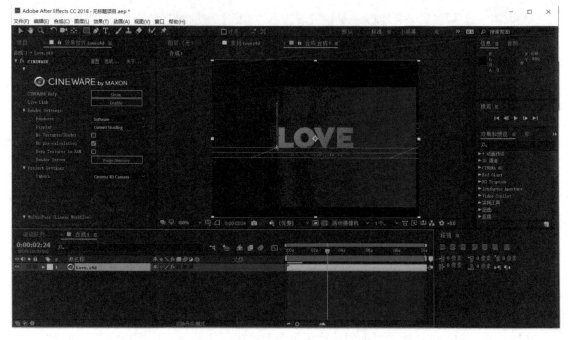

图 9-65　导入的 Cinema 4D 文件

After Effects 也可以将结果导出为 Cinema 4D 文件，如图 9-66 所示。

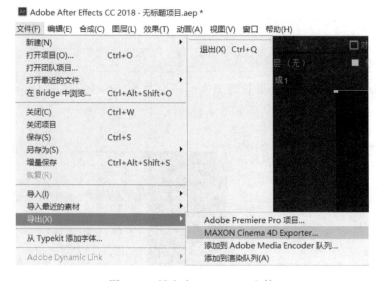

图 9-66　导出为 Cinema 4D 文件

可以在 After Effects 内创建 Cinema 4D 文件（.c4d），并且可使用复杂 3D 元素、场景和动画。为实现互操作性，After Effects 中集成了 Cinema 4D 的渲染引擎 CineRender。After Effects 可渲染 Cinema 4D 文件，可以在各个图层的基础上，控制部分渲染、摄像机和场景内容。

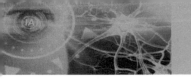

9.8　本章小结

　　Cinema 4D 是目前最好用的 3D 效果制作软件之一，也是专业的 3D 建模、绘制、动画和渲染解决方案的开发工具。本章介绍了 Cinema 4D 的基本操作、运动图形、角色动画及插件，并结合相关的实例进行了说明。